I0474863

PRINCÍPIOS DA TEORIA TÉRMICA

Leandro Bertoldo

Dedicatória

Dedico este livro ao meu irmão
Francisco Leandro Bertoldo

"Um dos maiores males que acompanham a busca do conhecimento, as pesquisas da ciência, é a disposição de exaltar o raciocínio humano acima de seu real valor e sua devida esfera". (A Ciência do Bom Viver, 427).

Ellen Gould White
Escritora, conferencista, conselheira,
e educadora norte-americana.
(1827-1915)

Sumário

8. Termorização
1. Termorização por Radiação
2. Diferença de Temperatura Entre os Dois Corpos
3. Diferença de Temperatura de Equilíbrio Térmico
4. Equação Fundamental da Calorimetria Clássica
5. Quantidade de Calor de Recepção
6. Equação Fundamental do Calor Recebido
7. Velocidade Térmica
8. Fluxo de Calor
9. Sentido do Fluxo de Calor
10. Relação entre Velocidade Térmica e Fluxo de Calor
11. Fluxo de Calor e a Equação Fundamental da Quantidade de Calor recebida
12. Intensidade Térmica
13. Equação Elementar da Intensidade Térmica

9. Campo Térmico
1. Campo de Ação Térmica
2. Termicalismo
3. Produto Entre Campos
4. Campo na Superfície de um Corpo
5. Gradiente de Campo Térmico
6. Forma Integral e Diferencial
7. Diatérmica
8. Termotenaz
9. Quantidade de Temperatura
10. Quantidade de Calor Médio por Molécula
11. Quantidade de Calor e Energia Cinética Média por Molécula

10. Cinetérmica
1. Introdução
2. Conceito de Campo
3. Carga Termogénea
4. Intensidade do Campo Térmico

14. Difusão de Calor - II
    1. Termicatura
    2. Conceito de Campo Térmico
    3. Campo Térmico de um Corpo Termoscópico Puntiforme Fixo
    4. Labuta de um Campo Térmico
    5. Tragética
    6. Capacidade de Difusão
    7. Forma Integral da Equação Térmica
    8. Forma Diferencial da Equação Térmica

15. Dilatalogia
    1. Introdução
    2. Conceito Físico de Dilatabilidade
    3. Primeira Lei
    4. Unidade de Dilatabilidade
    5. Representação Gráfica
    6. Rigidez Térmica
    7. Unidade de Rigidez Térmica
    8. Segunda Lei
    9. Variação do Coeficiente de Dilatação
    10. Coeficiente de Rigidez de Dilatação
    11. Termogéneo
    12. Termotência
    13. Associação em Série
    14. Dilatação
    15. Equação
    16. Dilatação Verdadeira
    17. Relação Entre Equações
    18. Equação da Dilatação Linear
    19. Dilatação transversal
    20. Coeficiente de Segurança na Dilatação

16. Cinedilatação
    1. Introdução

2. Conceito
3. Equação Geral Dilatérmica e Cinedilatação
4. Equação Fundamental da Calorimetria e a Cinedilatação
5. Equação de Clapeyron na Cinedilatação

17. Características Gerais das Equações Térmicas
1. Introdução
2. Variáveis de Estado da Térmica
3. Equação da Forma Linear
4. Equação na Forma Superficial
5. Equação da Forma Volumétrica
6. Lei Geral Volumétrica
7. Transformações Particulares

18. Dilatérmica dos Sólidos
1. Definição
2. Capacidade Calorífica
3. Variação Unitária de Comprimento
4. Gráfico
5. Equações de Medidas Instantâneas
6. Módulo de Leandro
7. Equação Geral
8. Dilatação Transversal
9. Equação Geral na Forma Volumétrica
10. Queimação
11. Quantidade Térmica
12. Demonstração Clássica da Equação Geral
13. Trio Equacionario
14. Unidade do Módulo de Leandro
15. Capacidade Dilativa
16. Módulo de Leandro
17. Observações
18. Unidade Calorífica
19. Densidade e Equação Geral

5. Calor Total
6. Equivalência

Dados biográficos

Leandro Bertoldo é o primeiro filho do casal José Bertoldo Sobrinho e Anita Leandro Bezerra. Tem um irmão chamado Francisco Leandro Bertoldo. Os dois seguiram a carreira no judiciário paulista, incentivados pelo pai, que via algo de desejável na estabilidade do serviço público.

Leandro fez as faculdades de Física e de Direito na Universidade de Mogi das Cruzes – UMC. Seu interesse sempre crescente pela área das exatas vem desde os seus 17 anos, quando começou a escrever algumas teses sérias a respeito do assunto. Em 1995, publicou o seu primeiro livro de Física, que foi um grande sucesso entre os professores universitários. O seu comprometimento com o Direito é resultado de suas atividades junto ao Tribunal de Justiça do Estado de São Paulo.

Leandro casou-se duas vezes e teve uma linda filha do primeiro matrimônio chamada Beatriz Maciel Bertoldo. Sua segunda esposa Daisy Menezes Bertoldo tem sido sua grande companheira e amiga inseparável de todas as horas. Muitas de suas alegrias são proporcionadas pelos seus cachorros: Fofa, Pitucha, Calma e Mimo.

Durante sua carreira como cientista contabilizou centenas de artigos e dezenas de livros, todos defendendo teses originais em Física e Matemática, destacando-se: "Teoria Matemática e Mecânica do Dinamismo" (2002); "Teses da Física Clássica e Moderna" (2003); "Cálculo Seguimental" (2005); "Artigos Matemáticos" (2006) e "Geometria Leandroniana" (2007), os quais estão sendo discutidos por vários grupos de pesquisas avançadas nas grandes universidades do país.

Prefácio

Devido a algum aspecto inovador em todas as minhas obras, elas nunca foram destinada aos que são "estritamente" professores, porque estes não passam de meros repetidores do conhecimento estabelecido. Evidentemente não poderia ser de outra forma, haja vista que para isso são pagos. Também não são dirigidas àquele que se julgam cientistas, mas consideram a ciência como um dogma, não aceitando nada além daquilo que sua pobre alma preconceituosa professa como verdade.

As minhas obras são destinadas aos espíritos livres e criativos, aos revolucionários que procuram inovar a visão da natureza. Meus livros também são dirigidos aos livres pensadores, aos perspicazes estudiosos, aos arrojados pesquisadores e aos cientistas em geral, que possuem uma mente aberta para incorporar no seu cabedal intelectual novos conhecimentos.

Este livro, intitulado por "Princípios da Teoria Térmica", foi produzido entre os anos de 1983 a 1984. Seu conteúdo e substância em nada foram alterados em relação aos autógrafos originais. Porém, como vários capítulos estavam esparsos entre os meus manuscritos, fui levado a reuni-los e remaneja-los em julho de 2013.

Destarte, o livro apresenta vinte e um capítulos e três apêndices. Os primeiros capítulos versam sobre a radiação em sua interação com a matéria, originando o fenômeno do calor. Os capítulos seguintes consideram uma análise geral do calor relacionado com as características da matéria. Os capítulos finais analisam uma das principais consequências do calor: A dilatação térmica dos sólidos e dos gasosos.

Visando a uma rigorosa análise dos diversos conceitos aqui introduzidos, apliquei o método matemático como um fator orientador e de precisão em minhas pesquisas científicas. Nessa atividade, algumas equações fundamentais foram estabelecidas. São fundamentais porque elas aparecem naturalmente como resultada da análise dos fenômenos térmicos. Por sua vez, muitos outros fenômenos são explicados com base nessas equações. Finalmente, pode-se acrescentar que essas equações são fundamentais porque estão na base de muitas demonstrações.

Espero que este livro seja um poderoso instrumento em mãos hábeis comprometidas com a visão da natureza. É o meu sincero desejo que o leitor possa ampliar o seu campo de conhecimento além daqueles ensinados nas escolas.

leandrobertoldo@ig.com.br

1. Introdução à Térmica

1. Introdução

Nesta breve introdução à Teoria Térmica, apresento os conceitos elementares de radiação e de temperatura e uma série de definições básicas ao desenvolvimento do presente trabalho. A Teoria Térmica é a parte da Física Clássica que tem por objetivo estudar a temperatura provocada pela radiação, bem como as transmissões de calor.

2. Temperatura

Para uma dada substância, a temperatura depende exclusivamente da velocidade ou agitação das moléculas e vice-versa. A Ciência considera a temperatura de um corpo como sendo a medida do grau de agitação de suas moléculas. Quanto maior for a agitação das moléculas, tanto maior será a temperatura.

3. Equilíbrio Térmico

As experiências têm demonstrado que, em um sistema isolado, o corpo de maior temperatura tende a transmitir essa grandeza, espontaneamente, para um corpo de menor temperatura até que atinja um equilíbrio, denominado por "equilíbrio térmico" apresentando a "mesma temperatura".

No equilíbrio térmico a temperatura de equilíbrio é a média das temperaturas individuais dos corpos.

4. Radiação e Matéria

A relação existente entre a radiação eletromagnética e a matéria é evidenciada através de vários fenômenos físicos, entre os quais é de importante interesse nesta obra o "fenômeno radiotérmico".

A temperatura não é uma propriedade da radiação, mas sim da matéria. Desse modo, quando uma radiação eletromagnética atinge a matéria, ela provoca a agitação molecular, causando o aparecimento da temperatura.

A radiação térmica é denominada por radiação infravermelha e tem comprimento de onda intermediária entre a micro-onda e luz vermelha, e constitui o chamado calor radiante.

Em geral, as radiações eletromagnéticas são caracterizadas pelo transporte de energia sem a necessidade de um meio material para que tal transporte se concretize. Pois entre a fonte que emite radiações e o corpo sobre o qual essas radiações incidem ocorre um verdadeiro transporte de energia. A prova disto é dada pela elevação de temperatura que verificada o corpo.

Evidentemente, a energia térmica que aparece provém da energia radiante entregue ao corpo considerado pelas radiações que sobre ele incidem. Ora, a temperatura é o grau de agitação térmica, logo a radiação eletromagnética é responsável pela agitação das partículas elementares que se encontram presas sob a ação de campos elétricos.

5. Raios Térmicos

Os raios térmicos são linhas orientadas que representam, graficamente, a direção e o sentido de propagação da radiação.

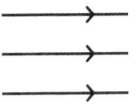

6. Fontes Térmicas

Os corpos capazes de emitir radiação térmica são denominados por "fontes térmicas". Os corpos que emitem a radiação que produzem são chamados por "corpos térmicos", cujo exemplo mais simples é o Sol.

7. Fonte Térmica Puntiforme

Se o corpo que emite radiação tiver dimensões desprezíveis em relação com as distâncias que o separa de outros corpos, a fonte é denominada por "fonte puntiforme". Caso contrário a fonte é denominada por "fonte extensa".

Na pratica, não existe fonte puntiforme; porém, quando seu diâmetro for menor que 20% da distância que a separa do ponto em que se considera o efeito, ela atua como "puntiforme". A relação de (**10:1**) é perfeitamente aplicável em trabalhos que exigem maior precisão.

8. Esquema de uma Fonte Puntiforme

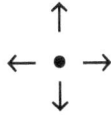

9. Ângulo Sólido

O ângulo sólido é o espaço incluído no interior de uma superfície cômica. Seu valor, expresso em esterorradiano é

obtido traçando-se, com raio arbitrário (**R**) com centro no vértice (**O**), uma superfície esférica e a aplicando a seguinte relação.

$$\Omega = S/R^2$$

Onde a letra (**S**) caracteriza a área da superfície da calota esférica contida no interior do ângulo sólido.

Quando o ângulo sólido é pequeno, a área da superfície (**S**) torna-se (**dS**).

Logo, posso escrever que:

$$d\Omega = dS/R^2$$

Em alguns casos, a superfície (**dS**) não é perpendicular a (**OP**), fazendo sua normal (**N**) um ângulo (θ) com (**OP**), que expressará a área (**dS' = dS . cosθ**). Então:

$$d\Omega = dS . \cos\theta/R^2$$

Como a área de uma superfície esférica é igual a (**4π . R²**), pode-se concluir que o ângulo sólido completo em torno de um ponto e (**4π**) esterorradianos.

2. Grandezas Térmicas

1. Fluxo de Calor

Para qualquer modo de propagação do calor, define-se uma grandeza física denominada por "fluxo de calor" (ϕ).

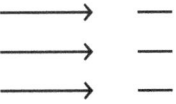

Seja (S) uma superfície localizada na região onde ocorre a propagação do calor.

O fluxo de calor (ϕ) através da superfície (S) é igual ao quociente da energia através de (S), inversa pela variação do intervalo de tempo.

Simbolicamente, o referido enunciado é expresso pela seguinte relação:

$$\phi = W/\Delta t$$

2. Unidades de Fluxo de Calor

As Unidades usuais de Fluxo de Calor são:

a) **cal/s**
b) **Kcal/s**
c) **Joule/s**
d) **Watt**
e) **outras**

3. Fluxo Térmico

Denomino por temperatura o efeito da incidência de radiação térmica sobre uma superfície.

As experiências mostram que quanto mais distante da fonte térmica estiver da superfície, tanto menor será a temperatura observada em tal superfície.

A maneira como o fluxo térmico se distribui sobre a superfície, conduz diretamente à noção de temperatura.

Designando-se por (T) a temperatura que caracteriza uma superfície plana, de área (S), denomina-se fluxo térmico incidente nessa superfície a temperatura absoluta e a área da superfície.

Simbolicamente, o referido enunciado é expresso por:

$$\phi_t = T . S$$

Evidentemente a temperatura de uma determinada superfície é igual ao quociente do fluxo térmico, inverso pela área de tal superfície.

O referido enunciado é expresso simbolicamente pela seguinte relação:

$$T = \phi_t / S$$

A referida relação é perfeitamente válida para uma determinada substância, pois a temperatura tem relação direta com a natureza do material que constitui a superfície.

Logo, duas superfícies de áreas iguais, porém de natureza distintas expostas à mesma radiação térmica, terão que obrigatoriamente apresentar temperaturas distintas.

Então, torna-se evidente que a temperatura de uma superfície exposta a uma radiação térmica é proporcional ao quociente do fluxo térmico, inverso pela área de tal superfície.

Simbolicamente, o referido enunciado é expresso pela seguinte relação matemática:

$$T = \alpha . \phi_t /S$$

A referida expressão permite fazer as seguintes conclusões:

a) A temperatura de uma superfície plana é diretamente proporcional ao fluxo térmico (ϕ_t);
b) A temperatura de uma superfície plana é inversamente proporcional à sua área (S);
c) A temperatura de uma superfície depende do material que a constitui (α).

Onde (α) – letra grega alfa – é a grandeza física que depende do material que constitui a natureza da superfície, e denomino por "Termocidade Específica".

4. Unidade de Termocidade Específica

Para definir a unidade de termocidade específica, considere a expressão ($T = \alpha . \phi_t/S$), da qual tira-se ($\alpha = T . S/\phi_t$). Portanto tem-se que:

Unidade de α = unidade de temperatura em produto com a unidade de comprimento, inversa pela unidade de fluxo térmico.

5. Intensidade Térmica

Uma fonte térmica emite energia em todas as direções. Fluxo é a parte dessa energia irradiada no interior de um ângulo sólido, tendo por vértice a fonte térmica e contornando a superfície que recebe a referida radiação.

Então, considere uma fonte térmica puntiforme, ou seja, cujas dimensões sejam desprezíveis em relação à distância envolvida. Dada uma direção (**R**), considere um ângulo sólido muito pequeno, ($\Delta\Omega$), que contenha essa direção.

Evidentemente, o fluxo de calor exprime a potência de calor irradiada por uma fonte térmica. Entretanto as equações apresentadas até o presente momento não indicam como ocorre a distribuição do calor em todas as direções. Por esse motivo é absolutamente necessário definir a grandeza que denominei por "Intensidade Térmica".

Destarte, a intensidade térmica de uma fonte puntiforme na direção considerada é igual ao quociente do fluxo térmico ($\Delta\phi_t$), enviado pela fonte no ângulo sólido ($\Delta\Omega$), e inverso por esse ângulo sólido.

Simbolicamente, o referido enunciado é expresso pela seguinte relação:

$$I = \Delta\phi_t / \Delta\Omega$$

6. Unidade de Intensidade Térmica

Espero que no "Sistema Internacional de Unidades", a unidade de intensidade térmica seja igual ao quociente da unidade de fluxo térmico, inversa pela unidade de ângulo sólido.

7. Unidade de Fluxo Térmico

Fluxo térmico (ϕ_t) é a grandeza física característica de um fluxo energético.

A unidade de fluxo térmico é o **Len** (**ln**), definido como fluxo térmico emitido no interior de um ângulo sólido igual a um esterorradiano, por uma fonte térmica puntiforme de intensidade unitária invariável de mesmo valor em todas as direções.

Sabe-se, da geometria, que uma esfera tem (4π); ou seja, **12,56** ângulos sólidos unitários. Portanto, uma fonte térmica de intensidade unitária emitirá **12,56 ln**.

8. Quantidade Térmica

Quantidade térmica (**Q**) é uma grandeza física definida como sendo igual ao fluxo térmico (ϕ_t) em produto com a variação de tempo (Δt).

Simbolicamente, o referido enunciado é expresso por:

$$Q = \phi_t \cdot \Delta t$$

9. Unidade de Quantidade Térmica

A unidade que defino para a quantidade térmica é o len vezes o segundo (**ln . s**), que corresponde à "quantidade térmica, durante um segundo, de um fluxo térmico uniforme e igual a um **ln**".

10. Eficiência Térmica

Eficiência térmica (η) de uma frente puntiforme é a relação entre o fluxo térmico total emitido pela fonte e a potência por ela absorvida.

Simbolicamente, o referido enunciado é expresso por:

$$\eta = \phi_t/p$$

11. Termocidade

Termocidade (**M**) é o limite da relação entre a intensidade térmica, em uma direção determinada, pela superfície elementar contendo um ponto dado, quando essa área tende para zero.

$$M = dI/dS$$

Um corpo ideal na Teoria Térmica é aquele cuja termocidade é igual em todas as direções. Tal termocidade (**M**) será diretamente proporcional (**q**) à temperatura do referido corpo.

$$M = q \cdot T$$

Onde (**q**) é o fator de termocidade.

12. Leis da Temperatura

A definição de ângulo sólido implica que o mesmo é igual ao quociente da área em produto com o cosseno de um ângulo, inverso pelo quadrado da distância.

Simbolicamente, o referido enunciado é expresso pela seguinte relação:

$$d\Omega = dS \cdot \cos\theta/R^2$$

Afirmei que a temperatura é diretamente proporcional ao fluxo térmico, inverso pela área da superfície atingida pela radiação.

Simbolicamente, o referido enunciado é expresso por:

$$T = \alpha \cdot d\phi_t/dS$$

Portanto, posso escrever que:

$$d\phi_t = T \cdot dS/\alpha$$

Porém, afirmei que a intensidade térmica é igual ao quociente do fluxo térmico, inverso pelo ângulo sólido Simbolicamente, o referido enunciado é expresso pela seguinte relação:

$$I = d\phi_t/d\Omega$$

Portanto, posso escrever que:

$$d\phi_t = I \cdot d\Omega$$

Então, substituindo convenientemente as últimas expressões, obtém-se que:

$$T = \alpha \cdot I \cdot d\Omega/dS$$

A última expressão permite escrever que:

$$d\Omega/dS = T/\alpha \cdot I$$

A definição de ângulo sólido permite escrever que:

$$\Omega/dS = \cos\theta/R^2$$

Igualando convenientemente as duas últimas expressões, obtém-se que:

$$T/\alpha \cdot I = \cos\theta/R^2$$

Assim, conclui-se que:

$$T = \alpha \cdot I \cdot \cos\theta / R^2$$

Logo, posso afirmar que a temperatura de um corpo exposto à radiação térmica é proporcional à intensidade térmica em produto com o cosseno do ângulo que forma, e inversamente proporcional ao quadrado da distância que separa a fonte térmica da superfície exposta à radiação.

Quando o cosseno do ângulo for igual a um ($\cos\alpha = 1$); a temperatura será diretamente proporcional à intensidade térmica, inversa pelo quadrado da distância.

Simbolicamente, o referido enunciado é expresso por:

$$T = \alpha \cdot I/R^2$$

Tal equação resume as quatro leis térmicas; ou seja, a temperatura produzida por uma fonte puntiforme em um ponto de uma superfície é caracterizada por:

a) A temperatura é diretamente proporcional à intensidade térmica;
b) A temperatura varia na razão inversa do quadrado da distância da fonte ao ponto térmico;
c) A temperatura depende do material que caracteriza o corpo térmico;
d) A temperatura varia proporcionalmente ao cosseno do ângulo formado pela normal à superfície no ponto considerado e pela direção de propagação da radiação térmica que incide sobre o mesmo.

Essas equações matemáticas permitem calcular a temperatura em qualquer ponto de uma superfície, individualmente, para cada foco térmico de uma mesma superfície.

3. Fluxo de Calor

1. Introdução

Seja (**S**) uma superfície localizada na região onde ocorre uma propagação de calor.

O fluxo de calor (ϕ) através da superfície (**S**) é igual ao quociente da quantidade de calor (**Q**) através da superfície, inversa pelo intervalo de tempo.

Simbolicamente, o referido enunciado é expresso pela seguinte relação:

$$\phi = Q/\Delta t$$

2. Esquentamento

Denomino por esquentamento (**E**) o efeito da incidência do calor sobre uma superfície. Observando, por exemplo, duas paredes iguais e de mesma qualidade, posso dizer se estão igualmente quentes, ou se uma delas esquentou mais que a outra. Isto é, posso comparar o esquentamento dessas paredes.

Logo, defino esquentamento (**E**) de uma superfície plana como sendo igual o quociente do fluxo de calor (ϕ) incidente, inversa pela área (**S**) da referida superfície.

Simbolicamente, o referido enunciado é expresso pela seguinte relação:

$$E = \phi/S$$

3. Fluxo Uniforme de Calor

Considere uma superfície plana qualquer, de área (**S**), inversa na região de um campo de calor uniforme, de esquentamento (**E**).

Seja (θ) o ângulo formado entre o vetor esquentamento e a normal à superfície. Por definição o fluxo uniforme de calor através da superfície é fornecido por:

$$\phi = E \cdot S \cdot \cos\theta$$

Apresenta importância destacar que o fluxo é uma grandeza puramente escalar.

Denomino por fluxo de calor através de um corpo, ao fluxo que atravessa uma superfície, cujo contorno é o próprio corpo.

O fluxo é máximo (ϕ**máx**), quando ($\theta = 0°$).

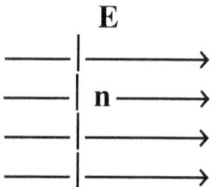

O fluxo é nulo ($\theta = 0$), quando ($\theta = 90°$).

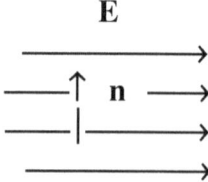

4. Valores assumidos pelo Fluxo de Calor

Através da expressão (ϕ = **E . S . cosθ**), observa-se que o fluxo de calor (ϕ) pode ser positivo, negativo ou ainda nulo, dependendo do cosseno de (θ).

a) $\theta = 0$, implica que **cos θ = 1**; portanto: ϕ = **E . S**

b) $\theta = 90°$, implica que **cos θ = 0**; portanto: ϕ = **0**

c) $\theta = 180°$, implica que **cos θ = 1**; portanto: ϕ = – **E . S**

5. Intensidade Calorífica de uma Fonte

Observa-se experimentalmente que, quanto mais longe de uma fonte térmica estiver a superfície, menor é o esquentamento que ela recebe:

De fato a fonte térmica emite energia em todas as direções. O fluxo térmico é a parte dessa energia irradiada no interior de um ângulo sólido, tendo por vértice a fonte térmica e contornando a superfície esquentada.

Então, para calcular a intensidade calorífica considere uma fonte térmica puntiforme; ou seja, uma fonte cujas dimensões sejam desprezíveis em relação às outras grandezas envolvidas. Dada uma direção (**R**) considerarei um ângulo sólido muito pequeno ($\Delta\Omega$), que contenha essa direção.

Denomino por intensidade calorífica dessa fonte, na direção considerada, o fluxo de calor ($\Delta\phi$), emitido pela fonte no ângulo sólido ($\Delta\Omega$), inversa pelo valor desse ângulo sólido.

Simbolicamente, o referido enunciado é expresso pela seguinte relação:

$$I = \Delta\phi/\Delta\Omega$$

A intensidade calorífica somente é definida para uma fonte puntiforme e numa dada direção.

6. Unidade de Intensidade Calorífica

A unidade de intensidade calorífica é deduzida da própria equação que a define. Portanto, posso escrever que:

Unidade de Intensidade Calorífica = Unidade de Energia/ Esterorradiano

7. Relação entre as Equações do Esquentamento e a da Intensidade Calorífica

Afirmei que o esquentamento de uma superfície é igual ao quociente do fluxo de calor, inversa pela área de tal superfície. Simbolicamente, o referido enunciado é expresso pela seguinte relação:

$$E = \phi/S$$

Também, posso afirmar que o fluxo de calor é igual ao produto existente entre a intensidade calorífica pelo ângulo sólido. Simbolicamente, o referido enunciado é expresso por:

$$\phi = I \cdot \Omega$$

Substituindo convenientemente as duas últimas expressões, vem que:

a) $$E = I \cdot \Omega/S$$

Porém, sabe-se pela matemática que o ângulo sólido é igual ao quociente da superfície, inversa pelo quadrado da distância que separa a superfície da origem do ângulo.

Simbolicamente, o referido enunciado é expresso pela seguinte relação:

$$\Omega = S/R^2$$

Ou seja:

b) $$\Omega = S \cdot \cos\theta/R^2$$

Conforme seja (**S**) normal a (**R**) ou formando um ângulo (**θ**), respectivamente.

Então, substituindo convenientemente as expressões (**a**) e (**b**), resulta que:

$$E = I \cdot \cos\theta/R^2$$

Denominei a referida expressão como sendo a Equação Geral do Esquentamento.

8. Fluxo de Calor e a Expressão Geral

Demonstrei que o esquentamento de uma superfície, através de uma fonte puntiforme, é igual ao cosseno do ângulo (**θ**) em produto com a intensidade calorífica da fonte, inversa pelo quadrado da distância que separa a fonte da superfície em questão.

O referido enunciado é expresso simbolicamente pela seguinte relação:

$$E = \cos\theta \cdot I/R^2$$

Afirmei que o fluxo de calor é igual ao produto existente entre o esquentamento pela área da superfície, que ocorre o fluxo de calor.

Simbolicamente, o referido enunciado é expresso pela seguinte igualdade:

$$\phi = E \, . \, S$$

Substituindo convenientemente as duas últimas expressões, vem que:

$$\phi = \cos\theta \, . \, I \, . \, S/R^2$$

Logo, posso concluir que o fluxo de calor (ϕ) oriundo de uma fonte puntiforme é igual ao cosseno do ângulo (θ) em produto com a intensidade calorífica (**I**) da fonte em produto com a área (**S**) da superfície em que ocorre o fluxo de calor, inversa pelo quadrado da distância (**R²**), que separa a fonte puntiforme da área.

9. Desuniformização

Em situações mais comuns se lida quase sempre com superfícies que não são planas e ainda estão imersas em regiões de esquentamento não uniforme. Nessas condições, para efeito de extensão do conceito inicial de fluxo de calor, costumo dividir a superfície qualquer em elementos de superfície, suficientemente pequenos, a ponto de se confundirem com planos e neles o esquentamento pode ser considerado uniforme. Assim, posso calcular os fluxos parciais ($\Delta\phi_i$), em cada elemento de superfície de área (ΔS_i), somando-os posteriormente para obter o fluxo total através da superfície.

$$\Delta\phi_i = E_i \, . \, \Delta S_i \, . \, \cos\theta_i$$

Onde os símbolos:

$\Delta\phi_i$ – Representa o fluxo parcial através do elemento de superfície de área ΔS_i.

E_i – Representa o esquentamento de superfície de área ΔS_i.

θ_i – Representa o ângulo formado (E_i) e o respectivo vetor normal (n_i) à superfície de área (ΔS_i).

Generalizando, (ϕ) será expresso por:

$$\phi = \Delta\phi_i + \Delta\phi_2 + \ldots + \Delta\phi_i + \ldots + \Delta\phi_n$$

Sintetizando a última expressão, pelo emprego do conceito de somatória, tem-se que:

$$\phi = \sum_{i=1}^{n} \Delta\phi_i$$

Substituindo convenientemente ($\Delta\phi_i$) por ($\Delta\phi_i$) = E_i . ΔS_i . $\cos\theta_i$, resulta finalmente que:

$$\phi = \sum_{i=1}^{n} E_i . \Delta S_i . \cos\theta_i$$

4. Caloricidade

1. Introdução

A emissão de calor por diversas fontes, ou a sua recepção por variados corpos térmicos, podem ser comparadas e, logicamente, medidas.

Para tanto, vou estabelecer alguns conceitos fundamentais. Denomino por caloricidade, o efeito da incidência de calor sobre um corpo material. Observando, por exemplo, dois corpos de mesma constituição, pode-se dizer se um deles apresenta mais caloricidade que o outro, ou se estão com caloricidades idênticas. Ou seja, posso comparar a caloridade desses corpos.

Observa-se, então, que quanto mais distante da fonte estiver o corpo, menor é a caloricidade que ele recebe.

2. Caloricidade

Designando-se por (**E**) a caloricidade de um corpo de massa (**m**), chama-se temperatura (**T**) desse corpo o produto entre a caloricidade pela massa que apresenta.

Simbolicamente, o referido enunciado é expresso pela seguinte equação:

$$T = E \cdot m$$

Pela referida expressão, obtém-se que:

$$E = T/m$$

Por onde se nota que, se o corpo onde incide calor tiver uma unidade de massa, a caloricidade é numericamente igual à própria temperatura que apresenta.

3. Tempermética

Tempermética é uma grandeza física que defino como sendo proporcional à massa que um corpo apresenta ao ser exposto sob a ação de uma fonte térmica, e inversamente proporcional ao quadrado da distância que separa a fonte do corpo.

Simbolicamente, o referido enunciado é expresso pela seguinte relação:

$$V = k \cdot m/R^2$$

Onde (**k**) é uma constante de proporcionalidade que caracteriza a natureza do material que constitui o corpo.

4. Intensidade Termorífica de uma Fonte

Agora, considere uma fonte térmica puntiforme, isto é, cujas dimensões sejam desprezíveis em relação às distâncias envolvidas.

Denomino por intensidade termorífica dessa fonte, o quociente da temperatura, inversa pelo valor da tempermética.

Simbolicamente, o referido enunciado é expresso pela seguinte relação:

$$B = T/V$$

5. Equação Geral da Caloricidade

Demonstrei que a temperatura de um corpo é igual ao produto existente entre a intensidade termorífica pelo valor da tempermética.

Simbolicamente, o referido enunciado é expresso por:

$$T = B \cdot V$$

Sabe-se que a caloricidade é igual ao quociente da temperatura, inversa pela massa.

O referido enunciado é expresso simbolicamente pela seguinte relação:

$$E = T/m$$

Substituindo convenientemente as duas últimas expressões, vem que:

$$E = B \cdot V/m$$

Porém, sabe-se que:

$$V = k \cdot m/R^2$$

Substituindo convenientemente as duas últimas expressões, vem que:

$$E = B \cdot k \cdot m/m \cdot R^2$$

Eliminando os termos em evidência, resulta que:

$$E = k \cdot B/R^2$$

Logo, posso concluir que a caloricidade é proporcional à intensidade termorífica da fonte de emissão de calor e inversamente proporcional ao quadrado da distância que separa a fonte de calor do corpo em discussão.

6. Equação Geral da Temperatura

Demonstrei que a temperatura é igual à caloricidade em produto com a massa.

Simbolicamente, o referido enunciado é expresso pela seguinte igualdade:

$$T = E \cdot m$$

Demonstrei que a caloricidade é proporcional à intensidade termorífica da fonte e inversamente proporcional ao quadrado da distância que separa a fonte do corpo.

O referido enunciado é expresso simbolicamente pela seguinte relação:

$$E = k \cdot B/R^2$$

Substituindo convenientemente as duas últimas expressões, vem que:

$$T = k \cdot B \cdot m/R^2$$

Portanto, posso concluir que a temperatura de um corpo é proporcional à intensidade da fonte em produto com a massa do corpo, e inversamente proporcional ao quadrado da distância que separa a fonte térmica do corpo em questão.

7. Calor e Temperatura

Por intermédio da equação fundamental da calorimetria, posso afirmar que a temperatura de um corpo é proporcional à massa do mesmo em produto com a quantidade de calor. Simbolicamente, o referido enunciado é expresso pela seguinte igualdade:

$$T = c \,.\, m \,.\, Q$$

Demonstrei que:

$$T = k \,.\, B \,.\, m/R^2$$

Substituindo convenientemente as duas últimas expressões, vem que:

$$c \,.\, m \,.\, Q = k \,.\, B \,.\, m/R^2$$

Assim, resulta que:

$$Q = k/c \,.\, B/R^2$$

Logicamente, a relação entre duas constantes, resulta numa constante genérica; ou seja:

$$\alpha = k/c$$

Substituindo convenientemente as duas últimas expressões, vem que:

$$Q = \alpha \,.\, B/R^2$$

Logo, posso concluir que a quantidade de calor de um corpo é proporcional à intensidade termorífica da fonte e inversamente proporcional ao quadrado da distância que separa a fonte do corpo em estudo.

5. Propagação Térmica

1. Introdução

Quando existe uma diferença de temperatura entre dois corpos ou entre as partes de um mesmo corpo, ocorre transferência de calor.

Um grande papel que o calor desempenha na vida do homem baseia-se na propagação do calor. A parte da calorologia que estuda a propagação térmica denomina-se Termocinética.

2. Fluxo Térmico

Considere um meio material homogêneo, onde entre dois pontos (**A**) e (**B**) há uma diferença de temperatura, o que origina uma transferência de calor. Sendo que o ponto (**B**) é o dc maior temperatura (T_2) e o ponto (**A**) é o de menor temperatura (T_1).

Então entre os pontos (**A**) e (**B**) ocorrerá uma diferença de temperatura ($\Delta T = T_2 - T_1$) que origina uma condução de calor de sentido da maior temperatura para a menor ($T_2 \rightarrow T_1$) essa propagação de calor constitui o fluxo térmico.

3. Fluxo de Calor

Seja (**A**) uma área superficial localizada na região onde ocorre a propagação de calor. O fluxo de calor (ϕ) através da área (**A**) é expresso por:

$$\phi = Q/\Delta t$$

Onde a letra (**Q**) representa a quantidade de calor através de (**A**) e a letra (**Δt**) representa o intervalo de tempo.

As unidades de fluxo de calor são "Cal/s"; "Kcal/s"; "Joule/s" = "Watt".

4. Sentido do Fluxo de Calor

O sentido do fluxo de calor, sempre parte do ponto de maior temperatura para a menor temperatura.

5. Ergogia Térmica

Considere dois pontos (**A**) e (**B**) de um trecho num material homogêneo, onde existe um fluxo de calor (ϕ). Sejam (**T₁**) e (**T₂**) as respectivas temperatura destes pontos, e que chamei de ($\Delta T = T_2 - T_1$) a variação de temperatura entre os pontos.

O fluxo térmico somente será possível, se for mantida a (ΔT) entre (**A**) e (**B**). Pode-se considerar, então, a (ΔT) como a causa da condução do calor.

Defino (ΔQ) a quantidade de calor que no intervalo de tempo (Δt), atravessa esse trecho. No ponto (**A**), a quantidade de calor tem uma ergogia térmica ($E_A = \Delta Q \cdot T_1$) e, ao chegar em (**B**) tem ergogia térmica ($E_B = \Delta Q \cdot T_2$).

Quando a quantidade de calor propaga-se no trecho (**AB**), temos o trabalho térmico expresso por:

$$m_{BA} = \Delta Q \cdot \Delta T = \Delta Q \cdot (T_B - T_A) = \Delta Q \cdot T_B - \Delta Q \cdot T_A$$

Como ($E_A = \Delta Q \cdot T_A$) e ($E_B = \Delta Q \cdot T_B$), temos que:

$$m_{BA} = E_B - E_A$$

6. Poder Térmico

O poder térmico numa propagação é expresso por:

$$p = m_{BA}/\Delta t = \Delta Q \cdot \Delta T/\Delta t$$

Porém:

$$\Delta Q/\Delta t = \phi$$

Temos que:

$$p = \phi \cdot \Delta T$$

Assim, podemos concluir que o poder térmico é igual ao produto existente entre o fluxo de calor e a diferença de temperatura.

7. A Posição Térmica

Em regime estacionário, defino a oposição térmica como sendo a dificuldade que um meio material homogêneo opõe à passagem do fluxo de calor por condução de um ponto (**A**) a outro (**B**).

O quociente entre a diferença de temperatura e o respectivo fluxo de calor é uma característica do material.

A grandeza oposição térmica, (**L**) assim introduzida, não depende da (ΔT) e do (ϕ), mas do material que se propaga.

De um modo geral define:

$$L = \Delta T/\phi$$

A oposição térmica é igual ao quociente da diferença de temperatura, inversa pelo fluxo de calor.

8. Equações de Poder Térmico

Sabemos que:

$$p = \Delta T \cdot \phi$$

Mas também que:

$$\Delta T = L \cdot \phi$$

Logo, tem-se que:

$$p = L \cdot \phi^2$$

Mas:

$$\phi = \Delta T / L$$

Substituindo as duas últimas expressões, vem que:

$$p = L \cdot \Delta T^2 / L^2$$

$$p = \Delta T^2 / L$$

9. Coeficiente de Oposição Térmica

As experiências permitem concluir os seguintes postulados com relação à oposição térmica (**L**):

a. Diretamente proporcional à espessura de uma camada considerada.

b. Inversamente proporcional à sua área de secção transversal atravessada.

c. Depende do material que constitui o corpo.

Estas conclusões experimentais podem ser traduzidas pela seguinte expressão:

$$L = q \cdot e/A$$

Onde (**q**) é uma grandeza que depende do material que constitui o meio material, sendo denominada por "coeficiente de oposição térmica".

10. Cinefluxo

Cinefluxo de um sistema é a razão segundo a qual a temperatura varia com o tempo.

Assim, o cinefluxo médio do sistema, num intervalo de tempo, é definido por:

$$\phi = \Delta T/\Delta t = \text{temperatura/intervalo de tempo}$$

Se (**ΔT**) é a variação em um pequeno intervalo de tempo (**Δt**), tomado após o instante (**t**), o cinefluxo no instante (**t**) é o valor limite do qual se aproxima (**ΔT/Δt**), quando (**ΔT**) e (**Δt**) tendem ambos para zero. Ou seja, se representarmos o cinefluxo instantâneo por (**ϕ**):

$$\phi = \lim_{\Delta t \to 0} \Delta T/\Delta t$$

Assim, o valor limite de (**ΔT/Δt**) quando (**Δt**) tende para zero, pela notação do cálculo diferencial, é escrita na forma (**dT/dt**) e é chamada de derivada de (**T**) em relação ao (**t**). Vem, então:

$$\phi = \lim_{\Delta t \to 0} \Delta T / \Delta t = dT/dt$$

6. Termostática

1. Capacidade Térmica de um Condutor Isolado

Considere um condutor térmico isolado, inicialmente, neutro; ou seja, na temperatura de zero grau Kelvin. Termorizando-o com uma quantidade de calor (Q), ele adquire uma temperatura (T), já com uma quantidade de calor ($2Q$) sua temperatura passa a ser ($2T$), e assim sucessivamente. Isto significa que o calor de um condutor térmico e a sua temperatura (T) são grandezas diretamente proporcionais; logo, posso escrever que:

$$Q = C \cdot T$$

Onde (C) é uma constante de proporcionalidade característica do condutor térmico e de sua massa.

Considerando dois condutores térmicos de uma mesma massa sob a mesma temperatura (T), tem mais quantidade de calor aquele que tiver maior (C), pois ($Q = C \cdot T$).

Portanto, a grandeza (C) mede a capacidade que um condutor possui de armazenar calor. Por esta razão, "C" é denominado por "capacidade térmica do condutor isolado".

$$C = Q/T$$

Vou apresentar o cálculo da capacidade térmica de um condutor esférico isolado, e de massa (m).

Termorizando-o com quantidade de calor (Q), ele passa a apresentar a temperatura ($T = k \cdot Q/m$).

Como:

$$C = Q/T$$

Resulta que:

$$C = Q/ (k \ Q/m)$$

Portanto, vem que:

$$C = m/k$$

2. Unidade de Capacidade Térmica

Sendo ($C = Q/T$), tem-se a definição da seguinte unidade:

Unidade de capacidade = Unidade de calor/Unidade de temperatura

Então se pode definir que no "Sistema Internacional de Unidades", tem-se:

Unidade de capacidade = 1 Joule/Kelvin = 1 davy = 1D

Alguns submúltiplos que podem ter grande aceitação são os seguintes:

1 micro - davy = 1μD = 10^{-6} D
1 nano - davy = 1nD = 10^{-9} D
1 pico - davy = 1pD = 10^{-10} D

Denominei por davy (símbolo **D**), a capacidade térmica, em homenagem ao cientista inglês de mesmo nome (Humphry Davy – 1778-1829).

3. Equilíbrio Térmico de Condutores

Considere três condutores térmicos de capacidade (c_1, c_2, c_3), termorizados com quantidades de calor (Q_1, Q_2, e Q_3) às temperaturas (T_1, T_2, e T_3), respectivamente, de acordo com o seguinte esquema:

Supondo estes condutores bem afastados, vou ligá-los em um sistema térmico isolado. A diferença de temperatura entre os condutores térmicos determina a transição da quantidade de calor. Este fenômeno é transitório, cessando, quando os condutores atingirem a mesma temperatura; ou seja, quando for estabelecido o chamado "equilíbrio térmico dos condutores". Nestas condições, seja (T) a temperatura comum e (Q'_1, Q'_2, e Q'_3) as novas quantidades de calor.

Considere que os condutores estão em um sistema isolado. Então, pelo princípio da conservação da quantidade de calor, posso escrever que:

$$Q'_1 + Q'_2 + Q'_3 = Q_1 + Q_2 + Q_3$$

Porém:

$$Q'_1 = C_1 . T$$
$$Q'_2 = C_2 . T$$
$$Q'_3 = C_3 . T$$

Portanto, posso escrever que:

$$C_1 . T + C_2 . T + C_3 . T = Q_1 + Q_2 + Q_3$$

$$T . (C_1 + C_2 + C_3) = Q_1 + Q_2 + Q_3$$

Portanto:

$$T = (Q_1 + Q_2 + Q_3)/(C_1 + C_2 + C_3)$$

Sendo:

$Q_1 = C_1 \cdot T_1$
$Q_2 = C_2 \cdot T_2$
$Q_3 = C_3 \cdot T_3$

Então, tem-se que:

$$T = [(C_1 \cdot T_1) + (C_2 \cdot T_2) + (C_3 \cdot T_3)]/(C_1 + C_2 + C_3)$$

Determinando (**T**), obtêm-se as novas quantidades de calor:

$Q'_1 = C_1 \cdot T$
$Q'_2 = C_2 \cdot T$
$Q'_3 = C_3 \cdot T$

4. Equilíbrio Térmico e Massa

Considere dois condutores térmicos de massas (M_1) e (M_2), estando o primeiro termorizado com certa quantidade de calor (Q_2) e o segundo, a zero absoluto. Ao ligá-los em um sistema térmico isolado, obtém-se que:

$$\begin{array}{cc} T & T \\ M_1 & M_2 \\ Q'_1 & Q'_2 \end{array}$$

A temperatura comum, após o equilíbrio térmico, é expressa por:

$$T = Q_1/(C_1 + C_2)$$

Sendo:

$$Q'_1 = C_1 . T$$

Tem-se:

$$Q'_1 = (C_1 . Q_1)/(C_1 + C_2)$$

$$Q'_1 = (M_1/k) . Q_1/(M_1/k) + (M_2/k)$$

Portanto, vem que:

$$Q'_1 = Q_1 . [M_1/(M_1 + M_2)]$$

Analogamente, posso escrever que:

$$Q'_2 = Q_1 . [M_2/(M_1 + M_2)]$$

As conclusões que se tira do referido resultado, são as seguintes:

a) Caso $M_1 = M_2$ tem-se:

$$Q'_1 = Q'_2 = Q_1/2$$

Portanto, se os condutores térmicos apresentarem a mesma massa, após o equilíbrio térmico eles terão quantidades de calor iguais. Evidentemente, estou supondo que a natureza da substância que constitui o condutor seja a mesma entre os dois condutores, pois supus (**k**) constante.

b) Caso (M_1) for bem menor que (M_2), tem-se:

$$Q'_1 \cong 0 \text{ e } Q_2 \cong Q_1$$

Este último resultado mostra que, para "descarregar" um condutor térmico ($Q'_1 = 0$), basta isolá-lo a outro de massa bem maior.

5. Densidade Térmica Superficial (σ)

Considere um elemento de superfície de área (ΔA) de um condutor térmico, no qual se verifica uma determinada quantidade de calor (ΔQ). Defino "densidade térmica superficial média", ao seguinte quociente:

$$\sigma = \Delta Q / \Delta A$$

A densidade térmica superficial em um ponto (p) da área é caracterizada por:

$$\sigma \text{ em } p = \lim_{\Delta A \to 0} \Delta Q / \Delta A$$

Em um condutor térmico esférico de raio (R), isolado e termorizado com uma quantidade de calor (Q), este, por questões de simetria, distribui-se uniformemente pela superfície. Neste caso tem-se que:

$$\sigma = Q / 4\pi R^2$$

Onde o símbolo matemático ($4\pi R^2$) representa a área da superfície esférica.

Agora considere dois condutores térmicos esféricos de massas (M_1) e (M_2) com ($M_1 > M_2$) e termorizados, respectivamente, com quantidades de calor (Q_1) e (Q_2). Vou supor que os condutores térmicos estejam isolados e sob a mesma temperatura (**T**). Desejo saber qual deles apresenta maior densidade térmica superficial?

Para a solução de tal questão, considero que:

a) As esferas apresentam a mesma temperatura (**T**), expressa por:

I) $T = k . Q_1/M_1 = k . Q_2/M_2$

b) Como as esferas são constituídas pelo mesmo material, vem que:

II) $Q_1/M_1 = Q_2/M_2$

c) Sabe-se que a densidade térmica superficial (**σ**) – letra sigma – é igual ao quociente da quantidade de calor, inversa pela área. Logo, posso escrever que:

III) $\sigma_1 = Q_1/4\pi . R^2_1$
           $\sigma_2 = Q_2/4\pi . R^2_2$

d) Sabe-se que a densidade em massa de um corpo é igual ao quociente da massa de tal corpo, inversa pelo volume do mesmo.

Logo, posso escrever que:

IV) $d = M/V$ ou $M = d . V$

e) Sabe-se que o volume de uma esfera é expresso por:

V) $V = 4\pi . R^3/3$

Dessa forma, posso escrever que:

VI) $M = d . 4\pi . R^3/3$

Considerando as expressões (**II**) e (**VI**), substituídas convenientemente, vem que:

$$Q_1/(d . 4\pi . R^3_1/3) = Q_2/(d . 4\pi . R^3_2/3)$$

Portanto, resulta que:

$$3Q_1/d . 4\pi . R^3_1 = 3Q_2/d . 4\pi . R^3_2$$

Eliminando os termos em evidência, resulta que:

VII)
$$Q_1/R^3_1 = Q_2/R^3_2$$

Das expressões (**III**) e (**VII**), resulta que:

$$\sigma_1 . 4\pi . R^2_1/R^3_1 = \sigma_2 . 4\pi . R^2_2/R^3_2$$

Eliminando os termos em evidência, vem que:

$$\sigma_1/R_1 = \sigma_2/R_2$$

Assim, posso escrever que:

$$R_1/R_2 = Q_1/Q_2$$

Sendo ($R_1 > R_2$), tem-se ($\sigma_1 > \sigma_2$).

Logo, a esfera de raio menor apresenta densidade térmica superficial menor.

6. Princípios da Termostática

A Termostática é a parte da Física que estuda as propriedades e a ação mútua das quantidades de calor em repouso, em relação a um sistema inercial de referência térmico.

Um dos grandes princípios sobre os quais se fundamenta a Termostática é o **"Princípio da Conservação das Quantidades de Calor".**

O princípio da conservação das quantidades de calor pode ser assim enunciado:

"Em um sistema termicamente isolado, a soma algébrica das quantidades de calor é sempre constante".

Considere, para exemplificar, dois corpos (**A**) e (**B**) termorizados com quantidades de calor (Q_1) e (Q_2), respectivamente, de acordo com o seguinte esquema:

$$(A) \text{----------} (B)$$
$$Q_1 \text{------------} Q_2$$

Antes

Agora admita que, de certo modo, ocorreu uma troca de quantidade de calor entre os corpos, e sejam, respectivamente, (Q'_1) e (Q'_2) as novas quantidades de calor de (**A**) e (**B**), de acordo com o seguinte esquema:

$$(A) \text{----------} (B)$$
$$Q'_1 \text{-----------} Q'_2$$

Depois

De acordo com o princípio da conservação das quantidades de calor, a quantidade de calor total, antes é igual à quantidade de calor total depois, ou seja:

$$Q_1 + Q_2 = Q'_1 + Q'_2 = \text{constante}$$

A referida expressão somente é verdadeira, se o sistema for termicamente isolado; ou seja, o sistema não troca calor com o meio exterior.

A conservação das quantidades de calor sugere que o calor não pode ser criando ou destruído.

7. Condutores e Isolantes de Calor

Os materiais que conservam o calor são chamados por isolantes térmicos. Os materiais, nos quais o calor se espalha imediatamente, são chamados condutores. É o caso dos metais. Nos condutores metálicos, as moléculas estão fracamente ligadas entre si e, quando sujeitas à força, mesmo de pequena intensidade, elas vibram no espaço interatômico. Estas são moléculas com certo grau de liberdade, responsáveis pela condução de calor nos metais. Os isolantes não apresentam moléculas tão livres, pois todas as partículas estão fortemente ligadas uma nas outras.

Na prática, não existem condutores e isolantes perfeitos e sim bons condutores, como os metais, e bons isolantes, como o vidro ou cerâmica refratária.

8. Termorização por Contato

Colocando-se, em contato, dois condutores térmicos, um termorizado (**A**) com certa quantidade de calor e outro (**B**) de baixa temperatura (**N**), este se termoriza com uma quantidade de calor proveniente (**A**).

De fato, se (**A**) estiver termorizado com certa quantidade de calor, ao entrar em contato com (**B**), provoca a vibração das partículas elementares deste; assim, (**A**) continua termorizado com certa quantidade de calor, mas com uma quantidade menor e (**B**), que estava com menor temperatura, fica termorizado com certa quantidade de calor.

Considerando-se (**A**) e (**B**) como condutores de mesma natureza, após o contato num sistema isolado, eles terão quantidades de calor iguais. Conforme a seguinte figura:

(**A**)   (**B**) $\longrightarrow$ (**A**)   (**B**)
Q   N   Q/2   Q/2
  Início

(**A**)   (**B**) $\longrightarrow$ (**A**)   (**B**)
Q_1 Q_2 $(Q_1 + Q_2)/2$ $(Q_1 + Q_2)/2$
  Início

Agora considere seis esferas metálicas absolutamente idênticas e isoladas uma da outra. Admita que cinco delas (**A**, **B**, **C**, **D** e **E**) estão numa baixa temperatura (**N**) e a sexta, (**F**), está termorizada com uma quantidade de calor (**Q**). Coloca-se (**F**) em contato sucessivamente com (**A**, **B**, **C**, **D**, e **E**). Almeja saber qual a equação que traduz a quantidade de calor final da esfera (**F**)?

Para a solução desta questão, bastam observar que as esferas metálicas são iguais, após cada contato térmico prolongado, as quantidades de calor serão iguais:

(**F**)   (**A**) $\rightarrow$ (**F**)   (**A**)
Q   N   Q/2   Q/2

(**F**)   (**B**) $\rightarrow$ (**F**)   (**B**)
Q/2   N   Q/4   Q/4

(**F**)   (**C**) $\rightarrow$ (**F**)   (**C**)
Q/4   N   Q/8   Q/8

(F)	(D)	→	(F)	(D)
Q/8	N		Q/16	Q/16

(F)	(E)	→	(F)	(E)
Q/16	N		Q/32	Q/32

De acordo com a referida experiência, observa-se que as grandezas (**2**, **4**, **8**, **16**, **32**), representam uma progressão geométrica caracterizada por (**2^n**). Considerando que (**n**) representa o número de contatos térmicos das esferas neutras.

Logo, a equação que representa a quantidade de calor da esfera, após os contatos térmicos, é a seguinte:

$$Q_f = Q_i/2^n$$

Isso me permite afirmar que a quantidade de calor final é igual à quantidade de calor inicial da esfera, inversa pela constante "dois", a qual é elevada à potência do número de contatos térmicos com as esferas neutras (de baixa temperatura).

Agora, considere sete esferas idênticas e isoladas uma da outra. Admita que seis delas (**A**, **B**, **C**, **D**, **E**, **F**) estão neutras (**N**), e a sétima (**G**) com uma quantidade de calor. Desejo uma equação generalizada que representa a quantidade de calor final; sendo que as esferas neutras sejam colocadas duas a duas.

Logicamente, a solução do presente problema é a mesma do anterior; pois, as esferas são absolutamente iguais, e após cada contato, as quantidades de calor, serão iguais.

(G)	(A)	(B)	→	(G)	(A)	(B)
Q	N	N		Q/3	Q/3	Q/3

(G)	(C)	(D)	→	(G)	(C)	(D)
Q/3	N	N		Q/9	Q/9	Q/9

(G)	(E)	(F)	→	(G)	(E)	(F)
Q/9	N	N		Q/27	Q/27	Q/27

Fundamentada na referida observação, conclui-se que as grandezas (**3, 9, 18**), representam uma progressão geométrica caracterizada por (3^n). Onde (**n**), representa o número de contatos térmicos entre as esferas neutras (baixa temperatura: 0 Grau Kelvin).

Logo, a expressão que representa a quantidade de calor final, da esfera, após os sucessivos contatos, é a seguinte:

$$Q_f = Q_i/3^n$$

Logo, posso concluir que a quantidade de calor final é igual ao quociente da quantidade de calor inicial da esfera, inversa pela constante "três", elevada ao número de contatos térmicos com as esferas neutras.

Observando os resultados das duas últimas experiências, posso afirmar que o número dois, na expressão ($Q_f = Q_i/2^n$), representa o número de esferas que entram em contato; da mesma forma, posso dizer que o número três na expressão ($Q_f = Q_i/3^n$), representa o número de esferas que entraram em contato na última experiência.

Assim, generalizadamente, posso afirmar que, toda vez que condutores térmicos absolutamente idênticos, sendo um termorizado com uma quantidade de calor, ao entrar em contato com outros que estão termicamente neutros, a quantidade de calor final (Q_f) é igual ao quociente da quantidade de calor inicial (Q_i), inversa pelo número de corpos (**P**) que entram em contato térmico em cada passagem, sendo este valor elevado ao número de contatos (**n**) que se realizam.

Simbolicamente, o referido enunciado é expresso pela seguinte igualdade:

$$Q_f = Q_i/P^n$$

9. Capacidade Térmica

A capacidade térmica é uma grandeza física definida matematicamente como sendo o inverso da capacidade térmica de um condutor.
Simbolicamente, o referido enunciado é expresso por:

$$\psi = 1/c$$

Sabe-se que a capacidade térmica é igual ao quociente da quantidade de calor que o condutor contém, inversa pela temperatura.
O referido enunciado é expresso simbolicamente pela seguinte relação:

$$c = Q/T$$

Substituindo convenientemente as duas últimas expressões, resulta que:

$$\psi = 1/(Q/T)$$

Assim, vem que:

$$\psi = T/Q$$

Logo, posso afirmar que a capacidade térmica é igual ao quociente da temperatura, inversa pela quantidade de calor.

10. Condutores Térmicos Isolados

Considere vários corpos condutores térmicos, cada um com certa quantidade de calor, isolados convenientemente. Após o equilíbrio térmico todos ficarão submetidos à mesma temperatura, de acordo com o seguinte esquema:

$$Q_1 \quad Q_2 \quad Q_3$$
$$T \quad T \quad T$$
$$\psi_1 \quad \psi_2 \quad \psi_3$$

Estes condutores térmicos podem comportar-se como um condutor equivalente, de acordo com o seguinte esquema:

$$Q$$
$$T$$
$$\psi$$

A quantidade de calor total (Q) do sistema encontra-se dividida entre os condutores térmicos isolados, em (Q_1, Q_2 e Q_3). Com facilidade verifica-se que:

$$Q = Q_1 + Q_2 + Q_3$$

Assim, posso afirmar que a quantidade de calor de condutores isolados é a soma das quantidades de calor nos condutores associados no sistema térmico.

Posso escrever que:

a) $\quad T = \psi_1 \cdot Q_1$
b) $\quad T = \psi_2 \cdot Q_2$
c) $\quad T = \psi_3 \cdot Q_3$

Onde se pode concluir que:

$$\psi_1 \cdot Q_1 = \psi_2 \cdot Q_2 = \psi_3 \cdot Q_3$$

Ou seja:

"Em uma associação de condutores térmicos convenientemente isolados, são iguais os produtos das capacitâncias térmicas pelas respectivas quantidades de calor".
Também:

a_1) $Q_1 = T/\psi_1$
b_1) $Q_2 = T/\psi_2$
c_1) $Q_3 = T/\psi_3$

Então, posso dizer que:

"Em uma associação de condutores termicamente isolados, as quantidades de calor são inversamente proporcionais às respectivas capacitâncias térmicas".
O condutor equivalente aos condutores isolados apresentará uma capacitância térmica (ψ), submetido à temperatura (**T**) dos associados, apresentará uma quantidade de calor (**Q**). Portanto, posso escrever que:

$$T = \psi \cdot Q$$

Portanto:

$$Q = T/\psi$$

Como:

$$Q = Q_1 + Q_2 + Q_3$$

Logo, posso afirmar que:

$$T/\psi = T/\psi_1 + T/\psi_2 + T/\psi_3$$

Portanto, conclui-se que:

$$1/\psi = 1/\psi_1 + 1/\psi_2 + 1/\psi_3$$

Ou seja:

"Em uma associação de condutores térmicos, o inverso da capacitância térmica equivalente da associação é igual à soma dos inversos das capacitâncias térmicas dos condutores associados em conjunto".

Se existir (**n**) condutores idênticos, de capacitâncias térmicas (ψ_u) cada um, tem-se que:

$$\psi_1 = \psi_2 = \psi_3... \psi_u$$

Então:

$$1/\psi = 1/\psi + 1/\psi +... + 1/\psi_u = n/\psi_u$$

Assim, resulta que:

$$\psi = \psi_u/n$$

No caso de dois condutores térmicos distintos em capacitância térmica, vem que:

$$1/\psi = 1/\psi_1 + 1/\psi_2$$

$$1/\psi = (\psi_1 + \psi_2)/(\psi_1 \cdot \psi_2)$$

Portanto, posso escrever que:

$$\psi = (\psi_1 . \psi_2)/(\psi_1 + \psi_2)$$

11. Temperatura de um Condutor Térmico Qualquer

A equação fundamental da calorimetria clássica estabelece que a quantidade de calor de um condutor térmico é igual ao coeficiente de proporcionalidade que é uma característica do material que constitui o condutor, em produto com a massa do mesmo, e ambos multiplicados pela temperatura.

Simbolicamente, o referido enunciado é expresso pela seguinte igualdade:

$$Q = c . m . T$$

Portanto, posso escrever que:

$$T = (1/c) . (Q/m)$$

Onde costumo representa a constante (**1/c**) por (**k**); ou seja:

$$k = 1/c$$

Substituindo convenientemente as duas últimas expressões, vem que:

$$T = k . Q/m$$

Logo, posso concluir que a temperatura de um dado condutor térmico é diretamente proporcional à quantidade de calor de tal condutor e inversamente proporcional à massa do mesmo.

O que vou afirmar agora pode ser um absurdo; porém é uma realidade.

A temperatura é uma grandeza escalar a qual será positiva, se (**Q > 0**) ou negativa, se (**Q < 0**). A curva que descreve tal comportamento e denominada por hipérbole equilátera.

12. Princípio da Termostática

O Princípio da Termostática afirma que, colocando-se em contato condutores de temperaturas distintas de modo a constituírem um sistema térmico isolado, o calor tende a fluir do corpo de maior temperatura para o de menor, até ocorrer o "equilíbrio térmico".

Tal princípio é denominado por "princípio do sentido da condução do calor".

13. Caloricidade

Considere dois corpos de massas diferentes sendo aquecido no fogo, de onde o retiramos periodicamente para observar as suas propriedades. Quando esses corpos ainda estão numa temperatura relativamente baixa, ele irradia calor, porém, esta radiação não é visível. Aumentando a temperatura, o corpo de menor massa é o primeiro a emitir uma radiação térmica visível.

Isto significa que o corpo de menor massa apresenta uma maior caloricidade. Portanto, posso concluir que, quanto maior for a temperatura, tanto maior será a caloricidade. Por outro lado, quanto menor for a massa, tanto maior será a caloricidade.

Dessa maneira, posso concluir que a caloricidade é igual ao quociente da temperatura, inversa pela massa.

Simbolicamente, o referido enunciado é expresso pela seguinte relação matemática:

$$E = T/m$$

14. Unidade de Caloricidade

A caloricidade é definida por:

$$E = T/m$$

Portanto posso escrever que:

Unidade de Caloricidade = Unidade de Temperatura/ Unidade de Massa

que: No "Sistema Internacional de Unidade (SI)", tem-se

1 Unidade de E = 1 Kelvin/Quilo = 1K/Kg

15. Caloricidade e a Natureza do Corpo

Demonstrei que a temperatura de um corpo é proporcional à quantidade de calor do mesmo e inversamente proporcional à massa de tal corpo.

Simbolicamente, o referido enunciado é expresso pela seguinte relação:

a)   **T = k Q/m**

Afirmei que a caloricidade de um corpo é igual ao quociente da temperatura, inversa pela massa.

Simbolicamente, o referido enunciado é expresso pela seguinte relação:

$$E = T/m$$

Portanto, posso escrever que:

b) $T = E . m$

Então, substituindo convenientemente as duas últimas expressões, vem que:

$$E . m = k . Q/m$$

Logo, posso escrever que:

$$E = k \, Q/m^2$$

Assim, posso afirmar que a caloricidade é diretamente proporcional a quantidade de calor e inversamente proporcional ao quadrado da massa.

16. Capacidade Calorífica

Considere um condutor térmico perfeitamente isolado sob a ação de uma temperatura constante, portanto numa massa (**m**) ele apresenta uma quantidade de calor (**Q**), com o dobro da massa (**2m**) ele passa a apresentar o dobro da quantidade de calor (**2Q**). Isto significa que a quantidade de calor (**Q**) e a massa (**m**) do condutor térmico são grandezas diretamente proporcionais para cada nível de temperatura.

Simbolicamente, posso escrever que:

$$Q = \alpha . m$$

Onde a letra (α) – alfa – é uma constante de proporcionalidade que depende da temperatura e da natureza do condutor térmico. Essa grandeza (α) mede a capacidade calorífica do condutor.

Assim, posso afirmar que a capacidade calorífica (α) de um condutor térmico é igual ao quociente da quantidade de calor (Q), inversa pela massa (m) do condutor. Simbolicamente, posso escrever que:

$$\alpha = Q/m$$

Demonstrei que a massa de um condutor térmico é diretamente proporcional a quantidade de calor e inversamente proporcional à temperatura que o mesmo apresenta.

Simbolicamente, o referido enunciado é expresso pela seguinte relação:

$$m = k . Q/T$$

Substituindo convenientemente as duas últimas expressões, vem que:

$$\alpha = Q/(k . Q/T)$$

Portanto, posso escrever que:

$$\alpha = Q . T/k . Q$$

Eliminando os termos em evidência, resulta que:

$$\alpha = T/k$$

Desse modo, conclui-se que a capacidade calorífica depende exclusivamente da temperatura e da natureza do condutor térmico.

17. Primeira Equação Fundamental da Termostática

A equação fundamental da calorimetria permite afirmar que as quantidades de energias caloríficas (Q) recebidas (ou cedidas) por um corpo é igual à característica do material (c) que constitui o condutor em produto com sua massa (m) e estes por sua vez multiplicados pela temperatura (T).

Simbolicamente, o referido enunciado é expresso por:

$$Q = c \cdot m \cdot T$$

Demonstrei que o calor específico (c) é o inverso de uma constante (k), denominada por coeficiente calorífico.

O referido enunciado é expresso simbolicamente por:

$$c = i/k$$

Substituindo convenientemente as duas últimas expressões, vem que:

$$Q = m \cdot T/k$$

Porém, demonstrei que a capacidade térmica de um condutor é igual ao quociente da massa, inversa pelo coeficiente calorífico.

Simbolicamente, o referido enunciado é expresso pela seguinte relação:

$$C = m/k$$

Substituindo convenientemente as duas últimas expressões, vem que:

$$Q = C \cdot T$$

Mas, afirmei que a temperatura de um condutor é igual ao produto entre a caloricidade pela massa de tal condutor.
Simbolicamente, o referido enunciado é expresso pela seguinte igualdade:

$$T = E \cdot m$$

Substituindo convenientemente as duas últimas expressões, vem que:

$$Q = C \cdot E \cdot m$$

18. Segunda Equação Fundamental da Termostática

Demonstrei que a quantidade de calor de um condutor isolado é igual ao quociente do produto existente entre a massa e a temperatura, e inversos pelo coeficiente calorífico.
O referido enunciado é expresso simbolicamente por:

$$Q = m \cdot T/k$$

Porém, demonstrei que a capacidade calorífica é igual ao quociente da temperatura, inversa pelo coeficiente calorífico.
Simbolicamente, o referido enunciado é expresso pela seguinte relação:

$$\alpha = T/k$$

Substituindo convenientemente as duas últimas expressões, resulta que:

$$Q = \alpha \cdot m$$

Logo, posso afirmar que a quantidade de calor de um condutor isolado é igual ao produto entre a sua capacidade calorífica pela sua massa.

19. Capacidade Calorífica e Capacidade Térmica

Demonstrei que a quantidade de calor de um condutor isolado é igual à capacidade térmica em produto com a caloricidade multiplicada pela massa.

Simbolicamente, o referido enunciado é expresso por:

$$Q = C \cdot E \cdot m$$

Afirmei que a quantidade de calor de um condutor isolado é igual ao produto entre a capacidade calorífica pela massa.

O referido enunciado é expresso pela seguinte igualdade:

$$Q = \alpha \cdot m$$

Igualando convenientemente as duas últimas expressões, vem que:

$$C \cdot E \cdot m = \alpha \cdot m$$

Eliminando os termos em evidência, resulta que:

$$\alpha = C \cdot E$$

Portanto, posso concluir que a capacidade calorífica é igual à capacidade térmica em produto com a caloricidade.

20. Lei da Termostática

Demonstrei que a caloricidade é proporcional ao quociente da quantidade de calor e inversamente proporcional ao quadrado da massa.

Simbolicamente, o referido enunciado é expresso por:

$$E = k \cdot Q/m^2$$

Demonstrei que a capacidade calorífica é igual ao produto entre a capacidade térmica pela caloricidade.

O referido enunciado é expresso simbolicamente por:

$$\alpha = E \cdot C$$

Substituindo convenientemente as duas últimas expressões, vem que:

$$\alpha = k \cdot Q \cdot C/m^2$$

Logo, posso concluir que a capacidade calorífica é proporcional à quantidade de calor pelo produto da capacidade térmica e inversamente proporcional ao quadrado da massa do condutor térmico.

21. Trabalho Térmico

Um condutor térmico pode realizar um trabalho igual ao produto entre a capacidade calorífica pela massa.

Simbolicamente, o referido enunciado é expresso por:

$$\vartheta = \alpha \cdot m$$

Porém, como:

$$\alpha = E \cdot c$$

Posso escrever que:

$$\vartheta = E \cdot c \cdot m$$

Logo, posso afirmar que o trabalho térmico de um condutor é igual à caloricidade em produto com a capacidade térmica multiplicada pela massa do referido condutor.

Demonstrei que a temperatura alcançada por um condutor térmico é igual ao produto entre a caloricidade pela massa.

Simbolicamente, o referido enunciado é expresso por:

$$T = E \cdot m$$

Substituindo convenientemente as duas últimas expressões, obtém-se que:

$$\vartheta = C \cdot T$$

22. Variação de Temperatura

Considere dois estados (**A**) e (**B**) de um condutor de caloricidade (**E**). Sejam (**T$_A$**) e (**T$_B$**) as temperaturas de (**A**) e (**B**), respectivamente, e seja (**m**) a massa do condutor.

Demonstrei que o trabalho de um condutor térmico é igual a:

$$\vartheta = C \cdot E \cdot m$$

De $\Delta T = T_A - T_B = \vartheta/c$, resulta que:

$$\Delta T = T_A - T_B = E \cdot m$$

Da última expressão, tem-se:

$$E = T/m$$

Desse modo, a unidade de caloricidade no Sistema Internacional é Kelvin/Kilograma (K/Kg).

23. Energia Potencial Térmica

Em relação a um estado de referência em (**B**), a energia potencial térmica do condutor térmico (**c**), no estado (**A**) (ω_{pA}), é igual ao trabalho térmico no estado de (**A** a **B**) (ϑ^B_A).
Logo, posso escrever que:

$$\omega_{pA} = \vartheta^B_A$$

Com:

$$\vartheta^B_A = C \cdot (T_A - T_B)$$

Tem-se:

$$\omega_{pA} = C \cdot (T_A - T_B)$$

Mas ($T_B = 0$); portanto, posso escrever que:

$$\omega_{pA} = C \cdot T_A$$

7. Misturas Térmicas

1. Noção de Misturas Térmicas

Considere duas substâncias líquidas (**1**) e (**2**) que são misturadas no interior de um recinto termicamente isolado. Se a temperatura da sustância (**A**) é maior que a de (**B**), ocorrer uma transferência de calor da primeira para a segunda, sendo (Q_f) a quantidade de calor no equilíbrio térmico, (Q_1) a quantidade de calor original da substância (**1**) e (Q_2) a quantidade de calor da substância (**2**), de tal forma que:

$$Q_f = Q_1 + Q_2$$

Evidentemente, pode haver mais duas substâncias misturadas, de tal forma que a última equação pode ser expressa por:

$$Q_f = Q_1 + Q_2 + ... + Q_n$$

Em conclusão: *A quantidade de calor total, em uma mistura térmica, é igual à soma das quantidades de calores parciais das substâncias componentes da mistura.*

Para avaliar que proporção do calor final (Q_f) sofre as substâncias individuais da *mistura térmica*, defino as seguintes grandezas adimensionais:

a) $q_1 = Q_1/Q_f$
b) $q_2 = Q_2/Q_f$
c)   ....
d) $q_n = Q_n/Q_f$

que: Somando todas as grandezas adimensionais, obtém-se

$$q_1 + q_2 + ... + q_n = Q_1/Q_f + Q_2/Q_f + ... + Q_n/Q_f = Q_1 + Q_2 + ... + Q_n/Q_f = Q_f/Q_f =$$

Evidentemente, conclui-se que:

$$q_1 + q_2 + ... + q_n = 1$$

2. Calor Parcial

Matematicamente, o calor parcial é definido como sendo a relação existente entre a quantidade de calor de uma substância, inversa pela soma existente entre a quantidade de calor das demais substâncias que vão compor a mistura.

Simbolicamente, posso escrever que:

$$q = Q_x/Q_1 + Q_2 + ... + Q_n$$

No referida resultado, a porcentagem pode ser calculada multiplicando o calor parcial por cem. Note que tal unidade é um número puro.

$$q\% = Q_x/Q_1 + Q_2 + ... + Q_n . 100$$

Também posso escrever a última expressão em termos de somatória do calor específico inicial de cada substância que compõe a mistura térmica.

Simbolicamente, resulta que:

$$q\% = Q_x/\Sigma Q . 100$$

3. Agregação Térmica Parcial

Defino a agregação térmica como sendo igual à relação matemática entre a quantidade de calor da substância, inversa pelo volume que a mesma apresenta para aquela temperatura. Portanto, simbolicamente, posso escrever o seguinte:

$$A = Q/V$$

Em se tratando de uma mistura térmica, defino a agregação térmica parcial como sendo igual à quantidade de calor inicial da substância considerada, inversa pelo volume final, que apresenta no momento em que atinge o equilíbrio térmico na mistura.

Simbolicamente, o referido enunciado é expresso pela seguinte relação matemática:

$$a = Q_x/V_f$$

4. Agregação Térmica Média

De forma geral, a agregação térmica média numa mistura em equilíbrio térmico é definida como sendo a relação existente entre a quantidade de calor final pelo volume final.

Portanto, posso escrever que:

$$a_m = Q_x/V_f = Q_1 + Q_2 + ... + Q_n/V_f$$

5. Relação Entre Grandezas (I)

Foi demonstrado no presente artigo que:

a) $q = Q_x/Q_f$
b) $Q_f = a_m . V_f$

Portanto, pode-se escrever que:

$$q = Q_x/a_m . V_f$$

Também foi demonstrado que:

c) $Q_x = a . V_f$

Portanto, pode-se estabelecer que:

$$q = a . V_f/a_m . V_f$$

Que resulta na seguinte verdade:

$$q = a/a_m$$

Logo, posso concluir que o calor parcial é igual ao quociente da agregação térmica parcial, inversa pela agregação térmica média.

6. Teor Térmico

Defino genericamente o teor térmico como sendo a relação entre a quantidade de calor apresentada por uma substância, inversa pela massa da mesma.
Simbolicamente, pode-se escrever que:

$$G = Q/m$$

Já o teor térmico parcial, é aquele definido como sendo igual ao quociente da quantidade de calor inicial de uma

substância, inversa pela massa final resultante na mistura das substâncias.
Simbolicamente, pode-se escrever que:

$$g = Q_x/m_f$$

7. Teor Térmico Médio

Defino o teor térmico médio, como sendo igual a relação matemática entre a quantidade de calor final; por sua massa final.
Simbolicamente, pode-se escrever que:

$$G_m = Q_f/m_f$$

8. Relação Entre Grandezas (II)

No presente artigo foi demonstrado que:

a) $q = Q_x/Q_f$
b) $Q_x = g \cdot m_f$

Portanto, substituindo convenientemente as duas últimas expressões, resulta que:

$$q = g \cdot m_f/Q_f$$

Também foi demonstrado que:

c) $Q_f = G_m \cdot m_f$

Portanto, resulta que:

$$q = g/G_m$$

Assim, posso concluir que o calor parcial é igual ao quociente do teor térmico parcial, inverso pelo teor térmico médio.

9. Relação Entre Agregação e Teor Térmico

Demonstrei que a agregação térmica é expressa por:

$$A = Q/V$$

Também demonstrei que o teor térmico é definido por:

$$G = Q/m$$

Dividindo membro a membro as duas últimas expressões, resulta que:

$$A/G = Q/V/Q/m$$

Portanto, vem que:

$$A/G = Q \cdot m/Q \cdot V$$

Eliminando os termos em evidência, resulta que:

$$A/G = m/V$$

Sabe-se que a densidade (μ) de uma substância é expressa por:

$$\mu = m/V$$

Logo, substituindo convenientemente as duas últimas expressões, vem que:

$$\mu = A/G$$

Assim, posso afirmar que a densidade de uma substância é igual ao quociente da agregação térmica, inversa pelo teor térmico da substância considerada.

10. Calórico Específico

Quando duas ou mais substâncias são misturadas, a quantidade de calor resultante é a soma da quantidade de calor de cada substância que participa da mistura. Considerando o exemplo de duas substâncias, pode-se escrever que:

$$Q = Q_1 + Q_2$$

Para avaliar que a proporção de quantidade de calor resultante tem sua origem numa das substâncias iniciais, antes da mistura, apresento a definição de calórico, caracterizado pelas grandezas adimensionais que se seguem:

$$q_1 = Q_1/Q$$
$$q_2 = Q_2/Q$$

Somando tais grandezas, tem-se que:

$$q_1 + q_2 = Q_1/Q + Q_2/Q = Q_1 + Q_2/Q$$

Como:

$$Q = Q + Q_2$$

Pode-se escrever que:

$$q_1 + q_2 = Q/Q = 1$$

Portanto vem que:

$$q_1 + q_2 = 1$$

Sabe-se que a equação fundamental da calorimétrica permite escrever que:

$$Q = c . m . \Delta t$$

Onde a letra: (**Q**) representa a quantidade de calor recebida ou cedida; a letra (**c**) é o calor específico que caracteriza a substância; a letra (**m**) representa a massa da substância e a letra (**Δt**) representa a variação de temperatura. Desse modo pode-se escrever que:

$$q_1 = c_1 . m_1 . \Delta t_1/c_1 . m_1 . \Delta t_1 + c_2 . m_2 . \Delta t_2$$

Ou que:

$$q_2 = c_2 . m_2 . \Delta t_2/c_1 . m_1 . \Delta t_1 + c_2 . m_2 . \Delta t_2$$

11. Concentração de Calor

A concentração de calor numa substância pode ser definida como sendo igual à relação entre a quantidade de calor da substância pelo seu volume.
Simbolicamente o referido enunciado é expresso por:

$$d = Q/V$$

Tratando-se da mistura de duas substâncias térmicas, tem-se que:

$$Q = Q_1 + Q_2$$

Então se pode escrever que:

$$d = Q_1 + Q_2/V$$

Onde: $(V = V_1 + V_2)$. Ou seja:

$$d = Q_1 + Q_2/V_1 + V_2$$

Como a concentração de calor em cada substância é expressa por:

$$d_1 = Q_1/Q_1$$
$$d_2 = Q_2/Q_2$$

Pode-se escrever que:

$$d = d_1 + d_2$$

12. Índice Relativo

O índice relativo avalia a relação entre quantidades de calor de duas substâncias térmicas.
Simbolicamente, pode-se escrever que:

$$i = Q_1/Q_2$$

Como:

$$Q_1 = q_1/Q$$
$$Q_2 = q_2/Q$$

Pode-se escrever que:

$$i = q_1 . Q/q_2 . Q$$

Eliminando os termos em evidência resulta que:

$$i = q_1/q_2$$

Também sabe-se que:

$$Q = c . m . \Delta t$$

Então é possível escrever que:

$$i = c_1 . m_1 . \Delta t_1/c_2 . m_2 . \Delta t_2$$

Se a substância térmica for a mesma, ou seja: $(c_1 = c_2)$, tem-se:

$$i = m_1 . \Delta t_1/m_2 . \Delta t_2$$

Entretanto se além da substância térmica a massa for a mesma, ou seja: $(c_1 = c_2)$ e $(m_1 = m_2)$, obtém-se que:

$$i = \Delta t_1/\Delta t_2$$

Portanto pode-se escrever que:

$$i = Q_1/Q_2 = \Delta t_1/\Delta t_2$$

Se, entretanto as substâncias térmicas forem diferentes e a massa for a mesma, ou seja: $(c_1 \neq c_2)$ e $(m_1 = m_2)$, tem-se que:

$$i = c_1 . \Delta t_1/c_2 . \Delta t_2$$

13. Capacidade Térmica

A capacidade térmica de uma substância é definida como sendo igual à relação matemática entre a quantidade de calor pela variação de temperatura.

Simbolicamente, o referido enunciado é expresso por:

$$k = Q/\Delta t$$

Considere duas substâncias térmicas de capacidades (k_1) e (k_2), portadoras de uma quantidade de calor (Q_1) e (Q_2) às temperaturas (Δt_1) e (Δt_2). Supondo que essas duas substâncias térmicas sejam misturadas. É clara que a diferença de temperatura entre as substâncias determina o fluxo de calor. Porém, esse fenômeno é claramente passageiro, terminando, quando as substâncias térmicas atingem a mesma temperatura. Ou seja, quando é estabelecido o chamado equilíbrio térmico das substâncias.

Diante de tais condições, seja (Δt) a temperatura final e (p_1) e (p_2) as novas quantidades de calor.

O princípio da conservação da quantidade de calor permite escrever que:

$$p_1 + p_2 = Q_1 + Q_2$$

Porém:

$$p_1 = k_1 . \Delta t$$

$$p_2 = k_2 . \Delta t$$

Portanto:

$$k_1 . \Delta t = k_2 . \Delta t = Q_1 + Q_2$$
$$\Delta t = (k_1 + k_2) = Q_1 + Q_2$$

Logo resulta que:

$$\Delta t = Q_1 + Q_2/k_1 + k_2$$

Sendo que: $(Q_1 = k_1 . \Delta t_1)$ e $(Q_2 = k_2 . \Delta t_2)$, tem-se o seguinte:

$$\Delta t = k_1 . \Delta t_1 + k_2 . \Delta t_2/k_1 + k_2$$

É claro que ao determinar (Δt), obtém-se que:

$$p_1 = k_1 . \Delta t$$
$$p_2 = k_2 . \Delta t$$

Se a substância for a mesma $(c_1 = c_2)$ e a massa das substâncias forem a mesmas $(m_1 = m_2)$, pode-se escrever que:

$$\Delta t = q_1 + q_2/2k$$

Considerando (n) substâncias térmicas dentro dos parâmetros anteriores tem-se que:

$$\Delta t = Q_1 + Q_2 + ... + Q_n/n . k$$

Entretanto se a substância térmica for a mesma $(c_1 = c_2)$ e as massas forem diferentes pode-se escrever que:

$$k_1 = c . m_1$$

$$k_2 = c \cdot m_2$$

Assim vem que:

$$\Delta t = Q_1 + Q_2/(c \cdot m_1 + c \cdot m_2)$$

Ou seja:

$$\Delta t = Q_1 + Q_2/[c \cdot (m_1 + m_2)]$$

Dentro das condições anteriores e considerando (**n**) substâncias térmicas, pode-se escrever que:

$$\Delta t = (Q_1 + Q_2 + ... + Q_n)/[c \cdot (m_1 + m_2 + ... + m_n)]$$

8. Termorização

1. Termorização por Radiação

Considere dois condutores térmicos separados um do outro por certa distância, conforme a seguinte figura:

$$(A) \longrightarrow (B)$$

Considere também, que o corpo (A) apresenta uma temperatura (T_A) maior do que a temperatura (T_B) do corpo (B).

Estando termicamente isolados, ocorrerá uma transferência de calor do corpo de maior temperatura para o de menor temperatura, até que se estabeleça o equilíbrio térmico. Este fenômeno é denominado por "termorização por radiação térmica". O condutor térmico (A) é chamado "doador" e o condutor (B), que recebeu a quantidade de calor é denominado por "receptor".

No referido fenômeno, o transporte do calor efetua-se através das "ondas eletromagnéticas".

2. Diferença de Temperatura Entre os Dois Corpos

A variação de temperaturas entre dois condutores térmicos que são perfeitamente isolados é igual à diferença entre a temperatura de maior grau pela de menor grau.

Simbolicamente, o referido enunciado é expresso pela seguinte igualdade:

$$\Delta T = T_A - T_B$$

3. Diferença de Temperatura de Equilíbrio Térmico

A temperatura que completa o equilíbrio térmico é igual à variação de temperatura entre os dois condutores inversa por dois. O referido enunciado é expresso simbolicamente pela seguinte relação:

$$T = \Delta T/2$$

A referida temperatura é denominada por "temperatura de doação", ou, "temperatura de recepção".

4. Equação Fundamental da Calorimetria Clássica

A equação fundamental da calorimetria clássica reza que a quantidade de calor de um corpo é igual ao produto entre o calor específico, pela massa e pela temperatura. Simbolicamente, o referido enunciado é expresso por:

$$Q = c \cdot m \cdot \Delta t$$

5. Quantidade de Calor de Recepção

A quantidade de calor recebida por um condutor em equilíbrio térmico é igual ao calor específico desse corpo em produto com sua massa e multiplicados pela temperatura de recepção.
O referido enunciado é expresso pela seguinte igualdade:

$$q = c \cdot m \cdot T$$

Ou:

$$q = c \cdot m \cdot \Delta t/2$$

6. Equação Fundamental do Calor Recebido

A equação fundamental da calorimétrica clássica permite afirmar que a temperatura de um corpo é igual à sua quantidade de calor, inversa pelo calor específico em produto com a massa.

O referido enunciado é expresso simbolicamente por:

$$\Delta t = Q/c \cdot m$$

Então a diferença de temperatura entre um corpo doador e um receptor é expressa por:

$$\Delta T = \Delta t_D - \Delta t_0$$

Como:

a) $\Delta t_D = Q_D/c_D \cdot m_D$
b) $\Delta t_0 = Q_0/c_0 \cdot m_0$

Substituindo convenientemente as três últimas expressões, obtém-se que:

$$\Delta t = (Q_D/c_D \cdot m_D) - (Q_0/c_0 \cdot m_0)$$

Substituindo convenientemente a referida expressão em:

$$q = c_0 \cdot m_0 \cdot \Delta T/2$$

Vem que:

$$q = (c_0 \cdot m_0/2) \cdot [(Q_D/c_D \cdot m_D) - (Q_0/c_0 \cdot m_0)]$$

Portanto, posso escrever que:

$$q = (c_0 \cdot m_0 \cdot Q_D/c_D \cdot m_D \cdot 2) - (c_0 \cdot m_0 \cdot Q_0/c_0 \cdot m_0 \cdot 2)$$

Eliminando os termos em evidência, resulta que:

$$q = c_0 \cdot m_0 \cdot Q_D/(c_D \cdot m_D \cdot 2) - (Q_0/2)$$

Demonstrei que a capacidade térmica é igual à relação entre a quantidade de calor pela temperatura. Simbolicamente, o referido enunciado é expresso por:

$$C = Q/T$$

Porém, sabe-se que:

$$Q = c \cdot m \cdot T$$

Substituindo convenientemente as duas últimas expressões, obtém-se que:

$$C = c \cdot m \cdot T/T$$

Eliminando os termos em evidência, resulta que:

$$C = c \cdot m$$

Logo, pode-se concluir que a capacidade térmica (**C**) é igual ao calor específico (**c**) em produto com a massa (**m**).

Portanto, posso escrever que:

$$q = (C_0/C_D) \cdot (Q_D/2) - (Q_0/2)$$

Essa é a expressão conhecida como "Equação fundamental da quantidade de calor recebido".

Se os dois corpos que trocam calor, apresentarem capacidade térmica idênticas resulta que:

$$q = (Q_D - Q_0)/2$$

7. Velocidade Térmica

Defino velocidade térmica (**i**) como sendo igual ao quociente da temperatura doada, inversa pela variação de tempo que tal temperatura leva para atingir o equilíbrio térmico.

Simbolicamente o referido enunciado é expresso pela seguinte relação:

a) $i = T/\Delta t$

Afirmei que um condutor ao atingir o equilíbrio térmico, recebeu de outro condutor de temperatura mais elevada, uma quantidade de calor igual à capacidade térmica do receptor em produto com a temperatura doada ao receptor, para que fosse possível o equilíbrio térmico.

O referido enunciado é expresso por:

$$q = C_0/T$$

Portanto, posso escrever que:

b) $T = q/C_0$

Substituindo convenientemente as expressões (**a**) e (**b**), obtém-se que:

$$i = (q/C_0)/(\Delta t/1)$$

Logo, posso escrever que:

$$i = q/C_0 . \Delta t$$

Logo, posso concluir que a velocidade térmica é igual ao quociente da quantidade de calor doada, inversa pelo produto entre a capacidade térmica do corpo pela variação de tempo que decorre até o momento que o receptor atinge o equilíbrio térmico.

Posso escrever simbolicamente que:

$$q = i . C_0 . \Delta t$$

Por outro lado, demonstrei que:

$$q = (C_0/C_D) . (Q_D/2) - (Q_0/2)$$

Igualando convenientemente as duas últimas expressões, vem que:

$$(C_0 . Q_D/2 . C_D) - (Q_0/2) = i . C_0 . \Delta t$$

Ainda, posso escrever que:

$$[(C_0 . Q_D) - (C_D . Q_0)/2C_D] = i . C_0 . \Delta t$$

Logo, vem que:

$$i = (C_0 . Q_D - C_D . Q_0)/(2C_D . C_0 . \Delta t)$$

Ou:

$$i = (Q_D/2C_D . \Delta t) - (Q_0/2C_0 . \Delta t)$$

Porém, demonstrei que:

$$T = i . \Delta t$$

Logo, vem que:

$$T = i . \Delta t = (Q_D/2C_D) - (Q_0/2C_0)$$

As unidades usuais em minhas observações são (**pc/s**) e (**°k/s**).

8. Fluxo de Calor

Toda vez que existir uma diferença de temperatura entre dois condutores térmicos, ocorrerá uma transferência de calor do corpo de maior temperatura para o de menor.

Defino o fluxo médio de calor transmitido por um corpo de maior temperatura para um de menor, a relação entre a quantidade de calor transmitida pela variação de tempo que decorre para atingir o equilíbrio térmico.

Simbolicamente, o referido enunciado é expresso pela seguinte relação:

$$\phi_m = \Delta q/\Delta t$$

Toda vez que o fluxo de calor variar com o tempo, define-se "fluxo de calor, em um instante (**t**)", o limite para o qual tende ao fluxo médio, quando o intervalo de tempo (Δt) tende a zero:

$$\phi = \lim_{\Delta t \to 0} \Delta q / \Delta t$$

Denomino por fluxo contínuo todo fluxo de sentido e intensidade constantes com o tempo. Neste caso o fluxo médio (ϕ_m) em qualquer intervalo de tempo (Δt) é o mesmo e, portanto igual ao fluxo (ϕ) em qualquer instante (**t**):

$$\phi_m = \phi$$

As unidades empregadas de fluxo de calor são:

a) **cal/s²**
b) **kcal/s**

Como o calor é energia, pode-se usar também a seguinte unidade:

c) **Joule/s = Watt**

9. Sentido do Fluxo de Calor

O sentido da transmissão do fluxo de calor é o mesmo sentido da transmissão da quantidade de calor; ou seja, oriunda do corpo de maior temperatura para o de menor.

10. Relação entre Velocidade Térmica e Fluxo de Calor

Sabe-se que a quantidade de calor transmitida por um corpo de maior temperatura para um de menor é igual ao produto entre a capacidade térmica (C_0) do corpo receptor pela temperatura de recepção.

Simbolicamente, o referido enunciado é expresso pela seguinte relação:

$$q = C_0 \cdot T$$

Demonstrei que o fluxo térmico é igual à quantidade de calor doada, inversa pela variação de tempo.

O referido enunciado é expresso simbolicamente pela seguinte relação:

$$\phi = q/\Delta t$$

Substituindo convenientemente as duas últimas expressões, vem que:

$$\phi = C_0 \cdot T/\Delta t$$

Porém, demonstrei que a velocidade térmica é igual ao quociente da temperatura de recepção, inversa pela variação de tempo.

Simbolicamente, o referido enunciado é expresso pela seguinte relação:

$$i = T/\Delta t$$

Substituindo convenientemente as duas últimas expressões, resulta que:

$$\phi = C_0 \cdot i$$

Logo, posso concluir que o fluxo de calor transmitido por um corpo de maior temperatura para um de menor é igual à capacidade térmica do corpo receptor em produto com a velocidade térmica.

11. Fluxo de Calor e a Equação Fundamental da Quantidade de Calor recebida

Demonstrei que:

$$q = (C_0/C_D) \cdot (Q_D/2) - (Q_0/2)$$

A relação entre a capacidade (C_0) do condutor receptor e a capacidade (C_D) de condutor doador é uma constante característica dos condutores.

Denominei esta constante como sendo "constante térmica do condutor" e indicada por (**e**).

Desse modo:

$$e = C_0/C_D$$

Observe que (**e**) é uma grandeza adimensional. Agora, substituindo convenientemente as duas últimas expressões, vem que:

$$q = (e \cdot Q_D/2) - (Q_0/2)$$

Logo, vem que:

$$q = 1/2 \cdot (e \cdot Q_D - Q_0)$$

Demonstrei que:

$$\phi = q/\Delta t$$

Substituindo convenientemente as duas últimas expressões, vem que:

$$\phi = (1/2 \ \Delta t) \ . \ (e \ . \ Q_D - Q_0)$$

12. Intensidade Térmica

Defino intensidade térmica como seno o resultado da relação entre o fluxo de calor de equilíbrio pela temperatura doada até o momento do equilíbrio térmico.

Simbolicamente, o referido enunciado é expresso pela seguinte relação:

$$\gamma = \phi/T$$

Demonstrei que:

a) $\phi = q/\Delta t$
b) $T = i \ . \ \Delta t$

Substituindo convenientemente as três últimas expressões, resulta que:

$$\gamma = (q/\Delta t)/(i \ . \ \Delta t/1)$$

Logo, vem que:

$$\gamma = q/i \ . \ \Delta t^2$$

Assim, posso concluir que:

$$q = \gamma \ . \ i \ . \ \Delta t^2$$

Desse modo, posso afirmar que a quantidade de calor transmitida no processamento do equilíbrio térmico é igual à intensidade térmica em produto com a velocidade térmica multiplicada pelo quadrado da variação de tempo decorrido no processamento do fenômeno.

Porém, sabe-se que:

$$i = T/\Delta t$$

Substituindo convenientemente as duas últimas expressões, vem que:

$$q = \gamma . T . \Delta t^2/\Delta t$$

Assim, resulta que:

$$q = \gamma . T . \Delta t$$

Ou seja, a quantidade de calor transmitida durante o processamento de equilíbrio térmico é igual à intensidade térmica em produto com a temperatura que se eleva no processamento do equilíbrio térmico multiplicada pela variação de tempo que dura o fenômeno.

Eliminando a variável tempo (Δt) da referida equação, vem que:

$$q = \gamma . T . (T/i)$$

Portanto, resulta:

$$q = \gamma . T^2/i$$

13. Equação Elementar da Intensidade Térmica

Demonstrei que:

$$\gamma = \phi/T$$

Afirmei que:

$$\phi = q/\Delta t$$

Substituindo convenientemente as duas últimas expressões, resulta que:

$$\gamma = (q/\Delta t)/(T/1)$$

Assim, resulta:

$$\gamma = q/T \cdot \Delta t$$

Porém, afirmei que:

$$q = C_0 \cdot T$$

Substituindo convenientemente as duas últimas expressões, vem que:

$$\gamma = C_0 \cdot T/T \cdot \Delta t$$

Eliminando os termos em evidência, resulta na seguinte expressão:

$$\gamma = C_0/\Delta t$$

Logo, posso afirmar que a intensidade térmica é igual ao quociente da capacidade térmica do condutor receptor, inversa pela variação de tempo que decorre no processamento do equilíbrio térmico.

9. Campo Térmico

1. Campo de Ação Térmica

Defino a grandeza que denominei por campo de ação térmica como sendo igual ao quociente da quantidade de calor do corpo, inversa por sua área superficial.

Simbolicamente, o referido enunciado é expresso por:

$$g = Q/S$$

No presente tratado vou considerar o estudo dos corpos esféricos, como a área de uma superfície esférica é expressa por:

$$S = 4\pi \cdot d^2$$

Onde a letra (**d**) representa o raio de uma esfera.

Substituindo convenientemente as duas últimas expressões, posso escrever que:

$$g = 1/4\pi \cdot Q/d^2$$

Tal resultado implica que o campo de ação térmica (**g**) é proporcional à quantidade de calor do corpo esférico, inverso pelo quadrado da distância que separa o centro do corpo de um ponto qualquer do campo.

2. Termicalismo

Defino a grandeza termicalismo (ϑ) como sendo igual ao produto existente entre a quantidade de calor (Q_1) que caracteriza um corpo inverso num campo de ação térmica pelo valor de (**g**).

Simbolicamente, o referido enunciado é expresso por:

$$\vartheta = Q_1 \cdot g$$

Como:

$$g = 1/4\pi \cdot Q_2/d^2$$

Posso concluir que:

$$\vartheta = 1/4\pi \cdot (Q_1 \cdot Q_2/d^2)$$

3. Produto Entre Campos

Considere um campo de ação térmica expressa simbolicamente por:

$$g_1 = Q_1/S_1$$

Agora, considere um corpo, cujo campo de ação térmica é expresso por:

$$g_2 = Q_2/S_2$$

Considerando que ambos os corpos estejam imensos um no campo do outro; o produto entre ambos implica que:

$$g_1 \cdot g_2 = Q_1 \cdot Q_2/S_1 \cdot S_2$$

Naturalmente, posso escrever que:

$$g_1 \cdot g_2 \cdot S_1 = 1/4\pi \cdot Q_1 \cdot Q_2/d^2{}_2$$

Como:

$$\vartheta = 1/4\pi \, . \, Q_1 \, . \, Q_2/d^2_2$$

Posso estabelecer que:

$$\vartheta = g_1 \, . \, g_2 \, . \, S_1$$

4. Campo na Superfície de um Corpo

O campo de ação térmica de um corpo, próximo a sua superfície, pode ser considerada constante se sua dimensão for muito grande. Entretanto se considerar um ponto acima da superfície, ele estará a uma altura (**h**), seu campo de ação térmica diminui conforme mostra a seguinte expressão:

$$g_h = 1/4\pi \, . \, Q/(d + h)^2$$

Da expressão:

$$g = 1/4\pi \, . \, Q/d^2$$

Posso escrever que:

$$g \, . \, d^2 = Q/4\pi$$

Com relação a (g_h), posso escrever que:

$$g_h = g \, . \, [d/(d + h)]^2$$

5. Gradiente de Campo Térmico

Considere uma frente calorífica puntiforme. Dada uma direção (**d**), considere um ângulo sólido muito pequeno, ($\Delta\Omega$), que contenha essa direção.

Chamo por gradiente de campo térmico dessa fonte, na direção considerada, a razão entre a quantidade de calor (**Q**) no ângulo sólido (**ΔΩ**), e esse ângulo sólido. Simbolicamente, posso escrever que:

$$G = Q/\Delta\Omega$$

Com tal relação, posso escrever que:

$$Q = G \cdot \Delta\Omega$$

Também, sabe-se que:

$$Q = g \cdot \Delta S$$

Igualando convenientemente as duas últimas expressões, vem que:

$$g = G \cdot \Delta\Omega/\Delta S$$

O ângulo sólido é definido por:

$$\Delta\Omega = \Delta S \cdot \cos\theta/d^2$$

Assim, posso concluir que:

a) $$Q = G \cdot \Delta S \cdot \cos\theta/d^2$$
b) $$g = G \cdot \cos\theta/d^2$$

Considerando todas as direções, posso estabelecer que:

$$Q = G \cdot \Omega$$

Como:

$$\Omega = 4\pi$$

Posso escrever que:

c) $Q_T = 4\pi . G$

d) $g = 4\pi . G/\Delta S$

Como:

$$S = 4\pi . d^2$$

Posso concluir que:

e) $g = G/d^2$

6. Forma Integral e Diferencial

Estabeleci no presente tratado a seguinte verdade:

$$dQ = G . d\Omega$$

A referida expressão na forma integral é expressa por:

$$\int g . dS = G . d\Omega$$

Sob a forma diferencial, posso escrever que:

$$div\ g = 3G/d^3$$

7. Diatérmica

A capacidade térmica um condutor térmico é representada por:

$$C = Q/T$$

Ou:

$$C = m/k$$

Então, considere um corpo de capacidade térmica, expressa por:

$$C_1 = m_1/k_1$$

Ao introduzir no interior desse corpo, outro de capacidade térmica expressa por:

$$C_2 = m_2/k_2$$

Verifica-se um aumento de capacidade. Desse modo, denomino por diatérmica a relação matemática existente entre a capacidade térmica resultante (C), pela capacidade térmica inicial (C_1).

Simbolicamente, o referido enunciado é expresso pela seguinte equação:

$$D = C/C_1$$

Naturalmente, posso escrever que:

$$C = D \cdot C_1$$

Como:

$$C_1 = m_1/k_1$$

Posso escrever que:

$$C = D \cdot m_1/k_1$$

Também, sabe-se que:

$$C_1 = Q_1/T_1$$

Logo, pode-se escrever que:

$$C = D \cdot Q_1/T_1$$

Também, posso apresentar que:

$$Q/T = D \cdot Q_1/T_1$$

Em um caso particular, onde ($Q = Q_1$), posso escrever que:

$$T_1 = D \cdot T$$

No caso particular, onde ($T = T_1$), posso concluir que:

$$Q = D \cdot Q_1$$

Sendo:

$$C = C_1 + C_2$$

Posso estabelecer que:

$$C = (m_1/k_1) + (m_2/k_2)$$

O que permite escrever:

$$C = [(m_1 \cdot k_2) + (m_2/k_1)]/k_1 \cdot k_2$$

Como:

$$D = C/C_1$$

Posso escrever que:

$$D = [(m_1 . k_2) + (m_2 . k_1)/k_1 . k_2]/(m_1/k_1)$$

Logo, posso escrever que:

$$D = [(m_1 . k_2 . k_1) + (m_2 . k_1 . k_1)]/m_1 . k_1 . k_2$$

Assim, posso escrever que:

$$D = (m_1 . k_2 . k_1/m_1 . k_2 . k_1) + (m_2 . k_1 . k_1/m_1 . k_1 . k_2)$$

Eliminando os termos em evidência, vem que:

$$D = 1 + (m_2 . k_1/m_1 . k_2)$$

Em um caso particular, onde ($m_1 = m_2$), posso estabelecer que:

$$D = 1 + k_1/k_2$$

Considerando o seguinte caso:

$$C = (Q_1/T_1) + (Q_2/T_2)$$

Posso estabelecer que:

$$C = [(Q_1 . T_2) + (Q_2 . T_1)]/T_1 . T_2$$

Como:

$$D = C/C_1$$

Vem que:

$$D = [(Q_1 . T_2) + (Q_2 . T_1)]/(T_1 . T_2)/(Q_1/T_1)$$

Assim, vem que:

$$D = [(Q_1 . T_1 . T_2) + (Q_2 . T_1 . T_1)]/Q_1 . T_1 . T_2$$

Naturalmente, posso escrever que:

$$D = 1 + [(Q_2 . T_1)/(Q_1 . T_2)]$$

No caso particular, onde ($Q_1 = Q_2$), posso escrever que:

$$D = 1 + (T_1/T_2)$$

Ou no caso particular, onde ($T_1 = T_2$), posso concluir que:

$$D = 1 + (Q_1/Q_2)$$

8. Termotenaz

Defino a grandeza que denominei por termotenaz, como sendo igual ao quociente da quantidade de calor adquirida por um corpo, inversa pelo seu volume,

Simbolicamente, o referido enunciado é expresso por:

$$\varepsilon = Q/V$$

A termotenaz é uma grandeza que representa a diferença existente entre dois corpos constituídos pelas mesmas substâncias, que recebem a mesma quantidade de calor no mesmo intervalo de tempo e, entretanto apresentam diferentes temperaturas, pelo fato de seus volumes serem distintos.

Como a quantidade de calor de um corpo é expressa pela seguinte equação:

$$Q = m \cdot c \cdot T$$

Substituindo convenientemente as duas últimas expressões, vem que:

$$\varepsilon = m \cdot c \cdot T/V$$

Entretanto, sabe-se que a densidade de um corpo é expressa simbolicamente por:

$$\mu = m/V$$

Portanto, vem que:

$$\varepsilon = \mu \cdot c \cdot T$$

Ocorrem, entretanto, que o produto existente entre a densidade (μ) e o calor específico (**c**) são valores constantes características da natureza da substância que constitui o corpo. Logo, posso representá-las por uma constante genérica que chamo por característica termotenaz (φ).

Simbolicamente, posso escrever que:

$$\varphi = \mu \cdot c$$

Assim, vem que:

$$\varepsilon = \varphi \cdot T$$

Como:

$$\varepsilon = Q/V$$

Vem que:

$$Q/V = \varphi \cdot T$$

Tal equação afirma que quanto maior for a quantidade de calor absorvida pelo corpo, tanto maior será sua temperatura e quanto maior for o volume do mesmo corpo, tanto menor será sua temperatura.

Entretanto, ocorre que cada tipo de material, absorve quantidades diferentes de calor no intervalo de tempo.

Logo, torna-se absolutamente necessário introduzir o conceito de "encherão" que significa um ato ou efeito e encher algo com alguma coisa. No caso em questão, defino a encherão, como sendo a relação existente entre a quantidade de calor absorvida por um corpo, pelo intervalo de tempo que se processa tal fenômeno.

Simbolicamente, o referido enunciado é expresso por:

$$\phi = Q/\Delta t$$

Logo, substituindo convenientemente as duas últimas expressões, vem que:

$$\phi \cdot \Delta t/V = \varphi \cdot T$$

Ocorre, também, que o volume varia com a temperatura, conforme a seguinte expressão:

$$V = V_0 \cdot (1 + \alpha \cdot T)$$

Onde a letra (V_0) representa o volume inicial do corpo à temperatura ambiente; (α) é uma constante de proporcionalidade.

Assim, posso concluir que:

$$\phi . \Delta t/[V_0 . (1 + \alpha . T)] = \varphi . T$$

Ou seja:

$$\phi . \Delta t/V_0 = \varphi . (1 + \alpha . T) . T$$

Assim, vem que:

$$\phi . \Delta t/V_0 . \varphi = T + \alpha . T^2$$

9. Quantidade de Temperatura

Defino a quantidade de temperatura de um corpo sob ação de uma fonte de calor, como sendo igual ao produto existente entre a temperatura pelo intervalo de tempo utilizado para alcançar tal temperatura.

Simbolicamente, o referido enunciado é expresso por:

$$Z = \Delta T . \Delta t$$

O significado físico de tal equação consiste no seguinte: Um corpo sob ação de uma fonte de calor absorve apenas uma parte desse calor, através do fenômeno de "encherão", elevando sua temperatura.

Sendo a encherão expressa pela seguinte relação:

$$\phi = Q/t$$

E sendo a quantidade de calor do corpo expressa por:

$$Q = m \cdot c \cdot \Delta T$$

Posso estabelecer que:

$$\phi \cdot \Delta t = m \cdot c \cdot \Delta T$$

Portanto, vem que:

$$\Delta T = \phi \cdot \Delta t / m \cdot c$$

Assim, torna-se evidente que:

$$\Delta T \cdot \Delta t = \phi \cdot \Delta t^2 / m \cdot c$$

Como: $(Z = \Delta T \cdot \Delta t)$, posso escrever que:

$$Z = \phi \cdot \Delta t^2 / m \cdot c$$

Ocorre que a capacidade térmica é expressa por:

$$C = m \cdot c$$

Logo, posso concluir que:

$$Z = \phi \cdot \Delta t^2 / C$$

10. Quantidade de Calor Médio por Molécula

Sendo (**N**) o número de moléculas e (**Q**) a quantidade de calor de uma substância, resulta que a quantidade de calor média por molécula (**q**) é expressa por:

$$q = Q/N$$

Sabe-se que a quantidade de calor de uma substância é expressa pelo produto existente entre a massa (**m**) da substância, entre o calor específico (**c**) da mesma, pela temperatura (**T**), que apresenta.

Simbolicamente, pode-se escrever que:

$$Q = m \cdot c \cdot T$$

Substituindo convenientemente as duas últimas expressões, vem que:

$$q = m \cdot c \cdot T/N$$

Ocorre que o número de moléculas é igual ao número de moles multiplicado pelo número de Avogadro.

Simbolicamente, o referido enunciado é expresso por:

$$N = n \cdot N_0$$

Substituindo convenientemente as duas últimas expressões, vem que:

$$q = m \cdot c \cdot T/n \cdot N_0$$

Ocorre que o número de moles é igual à relação existente entre a massa da substância, pela molécula-grama.

O referido enunciado pode ser expresso por:

$$n = m/M$$

Substituindo convenientemente as duas últimas expressões, vem que:

$$q = (m \cdot c \cdot T)/(m \cdot N_0/M)$$

Portanto, vem que:

$$q = m \cdot c \cdot T \cdot M/m \cdot N_0$$

Ao eliminar os termos em evidência, vem que:

$$q = c \cdot M \cdot T/N_0$$

Ocorre que o produto entre a molécula-grama pelo calor específico é igual ao conceito de calor-molar.

Simbolicamente, o referido enunciado permite escrever que:

$$k = c \cdot M$$

Substituindo convenientemente as duas últimas expressões, vem que:

$$q = k \cdot T/N_0$$

11. Quantidade de Calor e Energia Cinética Média por Molécula

No parágrafo anterior, demonstrei que:

$$q = c \cdot M \cdot T/N_0$$

Ocorre que a velocidade média por molécula, é expressa por:

$$v^2 = 3R \cdot T/M$$

Ou seja:

$$M = 3R \cdot T/v^2$$

Onde a letra (**R**), representa a constante universal dos gases perfeitos; a letra (**v**) representa a velocidade média das moléculas.

Substituindo convenientemente as duas últimas expressões, vem que:

$$q = c \cdot 3R \cdot T^2/N_0 \cdot v^2$$

Sabe-se que a constante de Boltzmann é expressa pela seguinte relação:

$$\alpha = R/N_0$$

Substituindo convenientemente as duas últimas expressões, vem que:

$$q = 3\alpha \cdot c \cdot T^2/v^2$$

Sabe-se que a energia cinética média por molécula é expressa por:

$$e = 3\alpha \cdot T/2$$

Assim, pode-se escrever que:

$$3\alpha = 2e/T$$

Substituindo convenientemente as duas últimas expressões, vem que:

$$q = 2e \cdot c \cdot T^2/T \cdot v^2$$

Ao eliminarmos os termos em evidência, resulta que:

$$q = 2c \cdot e \cdot T/v^2$$

Com relação à expressão da velocidade média das moléculas, pode-se escrever que:

$$M/3R = T/v^2$$

Substituindo convenientemente as duas últimas expressões, vem que:

$$q = 2c \cdot e \cdot M/3R$$

Ocorre que o calor molar é expresso por:

$$k = c \cdot M$$

Substituindo convenientemente as duas últimas expressões, pode-se escrever que:

$$q = [(2/3) \cdot (k/R)] \cdot e$$

Tal expressão mostra que a quantidade de calor médio das moléculas de um gás depende da natureza específica do gás, traduzida pelo calor molar (**k**).

Para um dado gás, a quantidade de calor médio por molécula depende exclusivamente da energia cinética das moléculas e vice-versa.

Esta expressão mostra que a menor quantidade de calor que tem um sentido físico corresponde à anulação da energia cinética média (**e = 0**) das moléculas.

10. Cinetérmica

1. Introdução

A Cinetérmica é a parte da Física que tem por objetivo realizar o estudo do desenvolvimento e transmissão de energia cinética por parte da matéria.

2. Conceito de Campo

A emissão de energia por diversas fontes térmicas e a sua recepção por variados corpos podem ser medidas. Para tal, preciso estabelecer alguns conceitos fundamentais: denomino por "campo térmico" o efeito da incidência de radiação térmica sobre um corpo gasoso. Observando, por exemplo, dois corpos de prova iguais e de mesma natureza pode-se dizer se estão com a mesma energia cinética, ou se um deles está com maior energia cinética do que o outro. Ou seja, posso comparar a quantidade de calor desses corpos.

Observa-se, experimentalmente, que quanto mais longe da fonte térmica estiver o corpo de prova, menor é a intensidade do campo térmico e menor será a temperatura que o mesmo vai apresentar.

3. Carga Termogénea

A carga termogénea é uma grandeza física que defino como sendo a responsável pelo desenvolvimento de energia em um corpo. Tal carga é vulgarmente conhecida como sendo igual a três meios da constante de Boltzmann. Simbolicamente, o referido enunciado é expresso pela seguinte relação:

$$b = 3k/2$$

A menor carga termogénea encontrada na natureza é a grandeza (**b**) associada a qualquer partícula livre. Estas cargas são iguais em valor absoluto, constituindo o que denominei por "carga termogénea elementar".

Sendo (**n**) o número de partículas "livres" que constituem um corpo gasoso termorizado, sua carga termogénea, em módulo é expressa por:

$$\Delta b = n \cdot b$$

Observe que, de acordo com a presente teoria, a carga termogénea que existe amostra qualquer é sempre um múltiplo inteiro da carga elementar, já que frações desta não são encontradas na natureza.

4. Intensidade do Campo Térmico

Em qualquer ponto da região que circunda um condutor térmico, com uma temperatura diferente de zero grau Kelvin, ocorre um "quentão" sobre outro condutor colocado no ponto. Então, digo que a região que envolve qualquer condutor é um "campo de quentão".

Então afirmo que a região que envolve qualquer condutor é um campo térmico. O espaço que envolve estrela Sol é um campo térmico, é evidente que tal campo se torna cada vez mais fraco à medida que se distância do seu ponto de origem.

Denomino por intensidade de um campo térmico (**e**) a razão existente entre o quentão (**D**) de um corpo de prova, imerso num campo térmico, pela quantidade de carga termogénea (**Δb**).

Simbolicamente, o referido enunciado é expresso pela seguinte relação:

$$e = D/\Delta b$$

5. Intensidade de Cinetismo de uma Fonte

Considere uma fonte térmica puntiforme; ou seja, cujas dimensões sejam desprezíveis em relação às distâncias envolvidas. Afirmo que a intensidade de cinetismo térmico de uma fonte é igual ao quociente do quentão de um corpo de prova, inversa por uma grandeza física denominada por termocalor.

O referido enunciado é expresso simbolicamente pela seguinte razão:

$$I = D/\Omega$$

6. Termocalor

Uma fonte térmica emite radiações ao acaso em todas as direções. O número de radiações que atravessa uma unidade de área vai diminuir com o aumento da distância da fonte à área. Isto se deve ao fato de que as radiações se espalham sobre uma esfera de área tanto maior quanto mais longe estiver da fonte. Como a área de uma esfera é proporcional ao quadrado de seu raio, obtém-se, uma lei de inverso do quadrado para o termocalor.

Assim, costumo afirmar que o termocalor de um corpo é proporcional à quantidade de carga termogénea do corpo de prova imerso num campo térmico e inversamente proporcional ao quadrado da distância que separa o corpo de prova da fonte.

Simbolicamente, o referido enunciado é expresso pela seguinte relação:

$$\Omega = \alpha \cdot \Delta b/d^2$$

7. Uma Lei

Afirmei que o quentão de um corpo de prova imerso num campo térmico, é igual à intensidade de cinetismo térmico de uma fonte em produto com o termocalor.

O referido enunciado é expresso simbolicamente pela seguinte igualdade:

$$D = I \cdot \Omega$$

Porém, afirmei que o 0termocalor é expresso pela seguinte relação:

$$\Omega = \alpha \cdot \Delta b/d^2$$

Substituindo convenientemente as duas últimas expressões, vem que:

$$D = \alpha \cdot I \cdot \Delta b/d^2$$

Assim, posso concluir que o quentão é proporcional ao produto existente entre a intensidade de cinetismo térmico de uma fonte, pela quantidade de carga termogénea de um corpo de prova imerso num campo térmico, e inversamente proporcional ao quadrado da distância que separa a fonte do corpo de prova.

8. Fundamento de Campo Térmico

A intensidade de Cinetismo térmico de um condutor altera de alguma forma a região que o envolve, de modo que, ao colocar um condutor puntiforme de prova (Δb) num ponto (p) desta região, será constatada a existência de um quentão (D) de origem térmica.

Digo que a intensidade de cinetismo térmico de um condutor origina ao seu redor, um campo térmico, que age sobre (Δb). Assim, o campo térmico desempenha o papel de transmissor de interações térmicas.

Analogamente, o condutor térmico de prova (Δb) também produz um campo térmico que age sobre (I).

Demonstrei que a o quentão é igual ao produto existente entre a carga termogénea pelo valor da intensidade do campo térmico.

Simbolicamente, o referido enunciado é expresso pela seguinte igualdade:

$$D = \Delta b \cdot e$$

A cada ponto de um campo térmico, associa-se um valor (e), independente de colocar ou não um condutor de prova (Δb) em tal ponto. Colocando-se em tal ponto um condutor de prova (Δb), este fica sujeito a um quentão ($D = \Delta b \cdot e$).

9. Campo Térmico de uma Fonte Puntiforme Fixa

Determinarei as características do campo térmico (e) num ponto (p), devido à intensidade de cinetismo térmico de um condutor puntiforme, fixo em (o) e no vácuo.

Colocando no ponto (**p**) um condutor puntiforme de prova (Δ**b**), este fica sujeito a um quentão caracterizado por:

$$D = \Delta b \cdot e$$

Sabemos que:

$$D = \alpha \cdot I \cdot \Delta b/d^2$$

Igualando convenientemente as duas últimas expressões, vem que:

$$\Delta b \cdot e = \alpha \cdot I \cdot \Delta b/d^2$$

Portanto, resulta que:

$$e = \alpha \cdot I/d^2$$

O campo térmico (**e**), produzido em cada ponto por um condutor térmico de intensidade de cinetismo térmico ($I > 0$) fixo, é de afastamento, conforme o seguinte esquema:

$$\uparrow$$
$$\leftarrow \bullet \rightarrow$$
$$\downarrow$$

10. Campo Térmico de Várias Intensidades de Cinetismos Térmicos Puntiformes

Considere diversas fontes térmicas de gás puntiformes fixas de intensidade de cinetismo térmico (I_1, I_2,..., I_n) e determinarei o campo térmico originado por estas fontes num ponto (**p**) qualquer do campo.

Se (I_1) estivesse sozinho originaria em (**p**) o campo térmico (**e₁**), bem como (I_2), sozinho originaria em (**p**) o campo térmico (**e₂**) e assim por diante, até (I_n) que sozinho, originaria em (**p**) o campo térmico (**e$_n$**).

11. Campo Térmico Uniforme

É o campo térmico onde (**e**) é o mesmo em todos os pontos. Assim, em cada ponto do campo, (**e**) tem o mesmo valor. Isto significa que a temperatura é a mesma em qualquer ponto do campo térmico.

12. Trabalho do Quentão num Campo Térmico

Considere um campo térmico (**e**). Neste campo, vou supor que um conjunto de cargas termogénea puntiforme (**Δb**), sofra um quentão que se eleva de um nível para outro. Então, digo que o trabalho térmico é igual ao produto existente entre o quentão pela distância.

Simbolicamente, o referido enunciado é expresso pela seguinte igualdade:

$$\vartheta = D \cdot d$$

Demonstrei que:

$$D = \Delta b \cdot e$$

Logo, posso escrever que:

$$\vartheta = \Delta b \cdot e \cdot d$$

O trabalho do quentão depende da carga termogénea (**Δb**) e dos pontos de nível.

Deslocando-se um condutor térmico de prova de carga termogénea entre dois pontos (**A**) e (**B**), altera-se o trabalho (**ϑ**) do quentão.

A grandeza escalar (**ϑ/Δb**) é indicado pela letra (**T**) e é denominada por temperatura entre os pontos (**A** e **B**).

$$T = \vartheta/\Delta b$$

$$\vartheta = \Delta b . T$$

Se entre dois pontos (**A** e **B**), de um campo térmico existe uma diferença de temperatura (**T**), decorre, naturalmente, que a cada ponto do campo fica associada uma grandeza escalar denominado "temperatura". Assim, posso escrever:

$$T = (T_A - T_B)$$

Onde (**T_A**) e (**T_B**) são temperaturas de (**A**) e (**B**), respectivamente, e (**T**) é a diferença de temperatura entre (**A**) e (**B**). Com esta nova notação, tem-se:

$$\vartheta = \Delta b . (T_A - T_B)$$

13. Distância e Temperatura

Afirmei que:

$$\vartheta = \Delta b . e . d$$

Afirmei que:

$$\vartheta = \Delta b \cdot T$$

Igualando convenientemente as duas últimas expressões, vem que:

$$\Delta b \cdot T = \Delta b \cdot e \cdot d$$

Então, vem que:

$$T = e \cdot d$$

Demonstrei que:

$$e = \alpha \cdot I/d^2$$

Substituindo convenientemente as duas últimas expressões, vem que:

$$T/d = \alpha \cdot I/d^2$$

Logo, vem que:

$$T = \alpha \cdot I/d$$

Assim, posso concluir que a temperatura de um condutor de prova imerso em um campo térmico é proporcional à intensidade de cinetismo térmico e inversamente proporcional à distância que separa o corpo de prova da fonte.

14. Energia Cinética

Em relação a um ponto de referência, a energia cinética de um corpo gasoso puntiforme é igual ao trabalho do quentão.

$$E_c = \vartheta$$

Logo, posso concluir que:

$$E_c = \Delta b \cdot T$$

15. Capacidade Termostática de uma Fonte

Considere uma fonte térmica gasosa; afirmo que a intensidade de cinetismo térmico de tal fonte e a sua temperatura são grandezas diretamente proporcionais.

Simbolicamente, posso escrever que:

$$I = k \cdot T$$

Onde (**k**) é uma constante de proporcionalidade.

11. Caloridinâmica

1. Introdução

A parte da Termodinâmica que estuda a condução do calor nos meios materiais será intitulada por "Caloridinâmica".

2. Princípio Fundamental

O princípio fundamental sobre o qual se assenta a caloridinâmica é enunciado nos seguintes termos:

"O calor sempre se propaga, espontaneamente, de um ponto de maior temperatura para um ponto de menor temperatura".

Tal princípio implica que a condição necessária para que exista uma corrente de calor entre dois condutores térmicos é que haja uma "diferença de temperatura" entre os condutores.

Esquematicamente, posso desenhar a seguinte figura:

$$(T_1) \xrightarrow{\hspace{2cm}} (T_2)$$
$$T_1 > T_2$$

3. Condução de Calor

A condução de calor é constituída pela vibração entre os átomos dos corpos em sua estrutura fundamental. Tais vibrações são, então, transmitidas às partículas vizinhas que também começam a vibrar, sem que, no entanto as posições médias das partículas mudem em relação ao corpo.

4. Condutores Térmicos

São os corpos materiais onde o movimento vibratório das partículas elementares ocorre com extrema facilidade. Os chamados metais são exemplos que caracterizam os condutores térmicos.

5. Isolantes

São corpos onde o movimento vibratório das partículas elementares está sendo extremamente dificultado, fato que ocorre em função de suas próprias estruturas. Digo então que através dos isolantes não se consegue registrar um movimento vibratório sensível das partículas elementares. Posso citar como exemplo de isolantes, o vidro, a porcelana, a madeira, etc.

6. Fluxo de Calor

Tome um fio condutor metálico e cilíndrico (**AB**), que esteja sendo atravessado por uma condução de calor que não varia com o tempo (regime estacionário).

Seja então (**Q**) a quantidade de calor que atravessa a secção transversal desde o instante (**t**) até o instante (**t + Δt**).

Nessas condições, define-se "fluxo de calor médio", no intervalo de tempo (**t** ⊢⊣ **t + Δt**), o quociente da quantidade de calor (**ΔQ**) que atravessa a seção transversal do condutor, inversa pelo intervalo de tempo.

Simbolicamente, o referido enunciado é expresso pela seguinte relação:

$$\phi_m = \Delta Q / \Delta t$$

Quando o fluxo varia com o tempo, define-se fluxo de calor, em um instante (**t**), o limite para o qual tende o fluxo médio, quando o intervalo de tempo (**Δt**) tende a zero.

Simbolicamente, o referido enunciado é expresso pela seguinte relação:

$$\phi = \lim_{\Delta t \to 0} \Delta Q / \Delta t$$

Denomino fluxo estacionário todo fluxo de sentido e quantidade de calor constante com o tempo.

As unidades usuais de fluxo de calor são cal/s e kcal/s, ou Joule/s, ou ainda Watt.

7. Efeitos do Fluxo de Calor

Quando uma condução de calor atravessa um corpo qualquer, pode provocar diversos efeitos, dependendo evidentemente da sua intensidade e do corpo que por ele está sendo atravessado.

a)   *Efeito Térmico*

Tal efeito verifica-se pelo aquecimento de condutores (condutores sólidos e alguns líquidos), quando os mesmos são percorridos por um fluxo de calor. O referido efeito é causado pela vibração dos átomos dos condutores. Ao receberem energia calorífica de uma fonte externa, os átomos do condutor vibram mais intensamente, e chocam-se contra os átomos vizinhos que por sua vez começam a vibrar, provocando o fenômeno da condução de calor. Quanto maior for a vibração dos átomos, tanto maior será a temperatura do condutor.

b) *Efeito Químico*

Trata-se de certas reações químicas que ocorrem, quando a condução de calor atravessa as soluções termolíticas.

c) *Efeito Eletromagnético*

Trata-se do efeito que origina a emissão de ondas eletromagnéticas. A constatação de ondas eletromagnéticas em determinada região é verificada pela transmissão de calor de um ponto para outro sem a necessidade de um meio material. Tal fenômeno é explicado da seguinte maneira: O núcleo atômico é constituído por prótons e nêutrons; quando o referido núcleo começa a vibrar, ele passa a ser constantemente acelerado de desacelerado. Ao ser acelerado recebe energia cinética e ao ser desacelerado, pela ação de forças elétricas, o próton emite sua energia em forma de radiação eletromagnética.

d) *Efeito Fisiológico*

Ao entrar em contato com um organismo vivo, a condução de calor atua diretamente sobre o sistema nervoso, cujo ataque as células pode resultar em morte.

8. Bipolo Térmico

Trata-se de um dispositivo térmico com dois terminais, onde existe uma diferença de temperatura.

9. Velocidade Média de Propagação de Calor em um Sólido

No regime estacionário de condução de calor, em um instante (**t**), a quantidade de calor existente no volume (**A . l**),

antes de seção sombreada (**S**), põem-se em movimento, simultaneamente.

No intervalo de tempo (**Δt**), a quantidade de calor, atravessa a secção (**S**) ocupam o mesmo volume (**A . l**) após a seção (**S**), no instante (**t + Δt**).

A quantidade de calor percorre a distância (**l**) no intervalo de tempo (**Δt**) e, portanto a velocidade média da propagação de calor no volume será expressa por:

$$v = l/\Delta t \qquad \text{(I)}$$

Sendo a densidade de calor (μ) igual ao quociente da quantidade de calor, inversa pelo volume, posso escrever que:

$$\mu = Q/V$$

Sabe-se que o volume é expresso por:

$$V = A \cdot l$$

Substituindo convenientemente as duas últimas expressões, posso escrever que:

$$Q = \mu \cdot A \cdot l$$

Como o fluxo de calor é expresso por:

$$\phi = \Delta Q/\Delta t$$

Substituindo convenientemente as duas últimas expressões, vem que:

$$\phi = \mu \cdot A \cdot l/\Delta t \quad \text{(II)}$$

Substituindo a expressão (**I**) na expressão (**II**), tem-se que:

$$\phi = \mu \cdot A \cdot l$$

Desse modo, posso escrever que:

$$v = \phi/(\mu \cdot A)$$

Logo, posso concluir que a velocidade de propagação de calor em um condutor é igual ao quociente do fluxo de calor, inverso pelo produto entre a densidade de calor pela área da seção transversal do referido condutor.

10. Quantidade de Fluxo de Calor

Considere dois pontos (**A**) e (**B**) de um trecho do condutor, onde existe um fluxo de calor. Sejam (T_A) e (T_B) as respectivas temperaturas destes pontos.

Chamarei de ($T = T_A - T_B$) a diferença de temperatura entre os pontos. A vibração dos átomos só será possível, se for mantida a diferença de temperatura (**T**) entre (**A**) e (**B**). Posso, então, considerar a diferença de temperatura como a causa a condução e calor.

Chamarei por (ΔQ) a quantidade de calor que, no intervalo de tempo (Δt), atravessa esse trecho. No ponto (**A**), a quantidade de calor apresenta uma quantidade de fluxo (W_A) expressa por:

$$W_A = \Delta Q \cdot T_A$$

Ao chegar em (**B**), a quantidade de calor apresenta uma quantidade de fluxo (W_B) expressa por:

$$W_B = \Delta Q \cdot T_B$$

Quando o calor atravessa o trecho (**AB**), a quantidade de fluxo (W^B_A) é expressa por:

$$W^B_A = \Delta Q \cdot T = \Delta Q \cdot (T_A - T_B) = \Delta Q \cdot T_A - \Delta Q \cdot T_B$$

Como:

a) $W_A = \Delta Q \cdot T_A$
b) $W_B = \Delta Q \cdot T_B$

Tem-se que:

$$W^B_A = W_A - W_B$$

Tais resultados permitem concluir que em um regime estacionário, a quantidade de calor (ΔQ) que passa em (**A**) é igual à que passa por (**B**); porém, possui mais quantidade de fluxo em (**A**) do que em (**B**). Essa variação de quantidade de fluxo entre os pontos (**A**) e (**B**) é empregada para realizar a condução do calor.

Na seguinte expressão:

$$W^B_A = \Delta Q \cdot (T_A - T_B)$$

Como:

a) $\Delta Q > 0$
b) $W^B_A > 0$

Portanto:

$$T_A - T_B > 0 \Rightarrow T_A > T_B$$

A expressão encontrada permite então afirmar que:

"As conduções de calor vão de temperaturas maiores para temperaturas menores".

A Física Moderna propõe a existência de energia negativa; então, do exposto, conclui-se evidentemente que, ao se lidar com quantidades de calor ($\Delta Q < 0$), o processo se inverte; isto é, o calor se propaga de temperaturas menores para temperaturas maiores.

11. Intensidade de Fluxo de Calor

Considere uma quantidade de calor (ΔQ) propagando-se entre dois pontos (**A**) e (**B**) de um bi polo térmico num intervalo de tempo (Δt).

Como afirmei, a quantidade de fluxo de calor é expresso por:

$$W^B_A = \Delta Q \cdot T$$

Por outro lado, a intensidade de fluxo de calor é igual ao quociente da quantidade de fluxo de calor, inversa pela variação de tempo.

Simbolicamente, o referido enunciado é expresso pela seguinte relação:

$$I = W^B_A / \Delta T$$

Substituindo convenientemente as duas últimas expressões, vem que:

$$I = \Delta Q \cdot T / \Delta t$$

Porém, afirmei que:

$$\phi = \Delta Q/\Delta t$$

Substituindo convenientemente as duas últimas expressões, vem que:

$$I = T \cdot \phi$$

Isto implica que a intensidade de fluxo de calor é igual ao produto existente entre a diferença de temperatura pelo fluxo de calor.

12. Condutância Térmica

O fenômeno da condução de calor é denominado por "condução térmica". Este efeito pode ser entendido, considerando a vibração dos átomos do condutor. Dependendo da natureza da substância que constitui o condutor, os átomos estão mais ou menos fortemente ligados entre si. Logo, conclui-se que uma mesma energia pode provocar uma vibração intensa nos átomos de uma dada substância, ou provocar uma vibração fraca nos átomos de outra substância, cujos átomos estão mais firmemente presos. Tal explicação caracteriza o fenômeno da condutância térmica; ou seja, a facilidade com que o calor é transferido de um ponto para outro.

13. Primeira Lei da Condutância Térmica

A primeira lei da condutância térmica pode ser verificada experimentalmente; ela relaciona a diferença de temperatura (**T**) entre dois extremos de um bipolo, com fluxo de calor (φ) que o atravessa.

Para os condutores, em regime estacionário, o quociente entre o fluxo de calor que percorre referido bipolo pela diferença de temperatura aplicada aos seus terminais é uma constante, que denominei por condutância térmica (**c**). Simbolicamente, o referido enunciado é expresso pela seguinte relação:

$$c = \phi/T$$

A condutância térmica mede a facilidade feita à passagem do fluxo de calor; pois, para um dado fluxo constante, quanto maior for a condutância térmica, tanto menor será a diferença de temperatura exigida entre os extremos do condutor.

14. Tipos de Condutores Térmicos

Costumo classificar os condutores térmicos em duas classes, a saber:

a) Condutores Drônicos - São aqueles que obedecem a primeira lei da condutância térmica.

b) Condutores Adrônicos - São aqueles que não obedecem à primeira lei da condutância térmica.

15. Representação Gráfica

Para um condutor térmico, um gráfico de (φ) em função de (**T**) mostra uma reta linear.

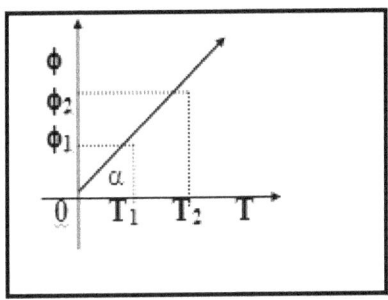

$$Tg\alpha \equiv c$$

Pode-se ainda observar que a reta toca a origem, mostrando que sem a diferença de temperatura (**T** = **0**) não existe fluxo de calor (ϕ = **0**).

16. Representação Esquemática

Trata-se apenas de um símbolo convencional para o reconhecimento do elemento dentro de um projeto térmico.

$$\begin{array}{ccc} A & C & B \\ & \blacksquare\blacksquare\blacksquare & \\ T_A & & T_B \end{array}$$

17. Condutância Adrônicas

Para os condutores que não obedecem à primeira lei da condutância térmica, define-se não uma condutância térmica, como ocorre com os condutores drônicos, mas sim uma condutância térmica aparente em cada ponto, de tal forma que:

$$c_{ap} = \phi/T$$

Logicamente, nesse caso, a dependência de (ϕ) em função de (**T**) não é linear, o que faz com que o gráfico de (ϕ) por (**T**) tome o aspecto de uma curva qualquer, dependendo das condições encontradas em cada situação.

18. Oposição Térmica

Para um condutor térmico, a oposição térmica (ϕ) é definida como o inverso da sua condutância térmica (**c**). Simbolicamente, o referido enunciado é expresso pela seguinte relação:

$$\phi = 1/c$$

19. Condutância e Intensidade de Fluxo de Calor

Demonstrei que a intensidade do fluxo de calor é igual ao produto existente entre a diferença de temperatura pelo fluxo de calor.
Simbolicamente, o referido enunciado é expresso pela seguinte relação:

$$I = T \cdot \phi$$

Sabe-se que a condutância térmica é igual ao quociente do fluxo de calor, inversa pela diferença de temperatura.
Simbolicamente, o referido enunciado é expresso pela seguinte relação:

$$c = \phi/T$$

Então, substituindo convenientemente as duas últimas expressões, vem que:

$$I = T \cdot c \cdot T$$

Assim, resulta que:

$$I = c \cdot T^2$$

Logo, posso concluir que a intensidade de fluxo de calor que ocorre em um condutor térmico é igual ao produto existente entre a condutância térmica pelo quadrado da diferença de temperatura entre os extremos do condutor.

Mantenha-se a diferença de temperatura (**T**) constante nas extremidades do condutor de condutância (**c**), o fluxo de calor é expresso por:

$$\phi = c \cdot T$$

Note que o fluxo de calor será tanto maior, quanto maior for a condutância; desse modo, a condutância aparece como uma facilidade à passagem do calor, justificando, sua denominação.

Nestas condições, a intensidade de fluxo de calor será deduzida da seguinte forma:

a) Sabe-se que a intensidade de fluxo de calor é expressa por:

$$I = c \cdot T^2$$

b) Sabe-se que a diferença de temperatura é expressa por:

$$T = \phi/c$$

Substituindo convenientemente as duas últimas expressões, tem-se que:

$$I = c \cdot (\phi/c)^2$$

Portanto, posso escrever que:

$$I = \phi^2/c$$

Logo, posso concluir que a intensidade de fluxo de calor é igual ao quociente do quadrado do fluxo de calor, inversa pela condutância térmica.

20. Segunda Lei da Condutância Térmica

Verifica-se experimentalmente que a condutância térmica é:

a) Diretamente proporcional à área de seção transversal (**A**) do corpo condutor;
b) Inversamente proporcional ao seu comprimento (espessura) (**e**);
c) Depende do material que o constitui.

Tais conclusões podem ser enunciadas numa única lei, e nos seguintes termos:
"Em regime estacionário, a condutância térmica é proporcional à área de seção transversal e inversamente proporcional ao comprimento ou espessura".
Simbolicamente, o referido enunciado é expresso pela seguinte igualdade:

$$c = \alpha \, (A/e)$$

Logicamente, estou supondo um condutor homogêneo. A presente lei mostra que a condutância térmica de um condutor depende de suas dimensões e do material do qual ele é constituído.

Na última expressão, a constante "α" (letra grega alfa) é uma grandeza que depende do material que constitui o condutor, sendo denominado por "coeficiente de condutibilidade térmica". Seu valor é elevado para os bons condutores, como por exemplo, os metais, e baixo para os isolantes térmicos.

Agora, apresento os valores para os coeficientes de condutibilidade térmica de algumas substâncias:

Elemento	Valor	Unidade
Prata	0, 99	cal/s.cm.°C
Alumínio	0, 50	cal/s.cm.°C
Ferro	0, 16	cal/s.cm.°C
Água	0, 0014	cal/s.cm.°C
Ar seco	0, 000061	cal/s.cm.°C

21. Atritovidade

Para um material qualquer a atritovidade (Ω) é o inverso do seu coeficiente de condutibilidade térmica.

Simbolicamente, o referido enunciado é expresso pela seguinte relação:

$$\Omega = 1/\alpha$$

De modo que a segunda lei da condutância pode ser escrita simbolicamente por:

$$c = (1/\Omega) . (A/e)$$

22. Lei de Fourier

Uma importante consequência desta teoria matemática é que ela permite deduzir teoricamente a Lei de Fourier.

Demonstrei que a condutância térmica é igual à relação existente entre o fluxo de calor pela temperatura.

Simbolicamente, o referido enunciado é expresso por:

$$c = \phi/T$$

Afirmei que a condutância térmica é proporcional à área de secção transversal condutor, inversamente proporcional ao comprimento ou espessura do mesmo.

O referido enunciado é expresso simbolicamente por:

$$c = \alpha \cdot A/e$$

Igualando convenientemente as duas últimas expressões, vem que:

$$\phi/T = \alpha \, A/e$$

Portanto, posso escrever que:

$$\phi = \alpha \cdot A \cdot T/e$$

Logo, a lei de Fourier, é enunciada nos seguintes termos:

"Em regime estacionário, o fluxo de calor por condução num material homogêneo é diretamente proporcional à área da seção transversal atravessada e à diferença de temperatura entre os extremos e inversamente proporcional à espessura da camada considerada".

23. Condensador Térmico

Na termostática, demonstrei que a capacidade térmica de um condutor é igual à relação existente entre a quantidade de calor pela temperatura.

Simbolicamente, o referido enunciado é expresso pela seguinte relação:

$$\vartheta = Q/T$$

A função de um condensador térmico é a de armazenar calor. Um dos mais simples dos condensadores é o *condensador plano*. Tal condensador é constituído por duas *paredes planas*, iguais, cada uma de área (**A**), colocadas paralelamente a uma distância (**d**). Cada parede encontra-se a uma temperatura diferente e perfeitamente distribuída em toda sua extensão. Evidentemente ele está isolado do meio ambiente.

Entre as paredes, existe um isolante que, inicialmente, será considerado o vácuo. Em tais condições, o condensador térmico se carrega. Entre suas paredes, estabelece-se um campo térmico uniforme (**E**).

A experiência mostra que a capacidade térmica (ϑ) de um condensador plano é proporcional à área (**A**) das paredes e inversamente proporcional à distância (**d**) que separa tais paredes.

Simbolicamente, o referido enunciado é expresso por:

$$\vartheta = \gamma_0 \cdot A/d$$

A constante de proporcionalidade é denominada por: "constante térmica do vácuo".

12. Termometria

1. Introdução

A Termometria é a parte da Termologia que tem por objetivo realizar o estudo quantitativo da emissão de calor por uma fonte radiante.

2. Definição de Ângulo Sólido

O ângulo sólido é o espaço incluído no interior de uma superfície cônica.
Seu valor é definido pela seguinte relação:

$$\Omega = S/R^2$$

Onde a letra (**R**) representa um raio arbitrário a partir do centro no vértice do cone considerado. A letra (**S**) representa a área da superfície calota esférica no interior do ângulo sólido.
Em algumas situações essa superfície (**S**) não é perpendicular ao raio (**R**), fazendo sua normal um ângulo (α) com esse raio.
Nessas condições tem-se a seguinte expressão:

$$\Omega = S \cdot \cos\alpha/R^2$$

3. Quentura

Observando duas fontes de calor obscuro, podemos constatar se uma delas é mais quente do que a outra ou se ambas apresentam a mesma quentura. Entretanto esse procedimento é subjetivo, que está na dependência da percepção do observador.

Por causa desta condição subjetiva, é impossível oferecer uma definição rigorosa para a quentura. Portanto é conveniente considera-la como uma noção primitiva.

Apesar de não ser possível uma definição exata para a quentura, isto não quer dizer que não possa ser medida. Para isso é necessário definir uma unidade, que poderia ser denominado por "quentar".

Assim, tomando um corpo negro como referência pode-se afirmar que o quentar é a quentura, perpendicular, numa superfície padronizada de um corpo negro a uma dada temperatura, em condições de pressão normal.

4. Fluxo Calórico

Considere uma fonte térmica puntiforme, de quentura (**Q**), localizada num ponto (**p**) do espaço, e seja (**ΔS**) um elemento de superfície tal que o cone do vértice (**p**) e cujas geratrizes se apoiam nos pontos de bordo de (**ΔS**) caracterize um ângulo sólido (**ΔΩ**).

Portanto, por definição, o fluxo calórico (**ΔC**) do interior desse cone é igual ao produto da quentura (**Q**) pelo ângulo sólido (**ΔΩ**).

O referido enunciado é expresso simbolicamente pela seguinte igualdade:

$$\Delta C = Q \cdot \Delta \Omega$$

Sabe-se que o ângulo sólido em torno de um ponto vale (**4π**) esterorradianos. Portanto, o fluxo calórico total em torno de uma fonte puntiforme de quentura (**Q**), igual em todas as direções vale:

$$C = 4\pi \cdot Q$$

5. Esquentamento

Quando se observa duas superfícies iguais e do mesmo material (por exemplo, duas superfícies negras de platina) pode-se comparar o esquentamento. Ou seja, pode-se afirmar se elas foram igualmente esquentadas ou se uma das superfícies foi mais esquentada do que a outra.

Assim, considere uma fonte térmica puntiforme (**p**) e um anteparo no qual incide a radiação emitida pela fonte, de tal modo que um elemento de superfície de área (Δ**S**) tenha sido esquentado pela fonte.

Por definição, denomina-se esquentamento desse elemento de superfície à seguinte razão:

$$E = \Delta C / \Delta S$$

Na referida expressão (Δ**C**) simboliza o fluxo calórico no interior do ângulo sólido correspondente a um cone cuja base coincide com (Δ**S**).

Entretanto, se o esquentamento for o mesmo para todos os elementos da superfície, pode-se afirmar que o esquentamento é uniforme. Portanto, é expresso pelo seguinte quociente:

$$E = C / S$$

6. Lei Básica

A lei básica permite determinar com precisão o esquentamento produzido por uma fonte puntiforme sobre um elemento de superfície, em função da quentura da fonte e da posição desta em relação à superfície esquentada.

Seja (ΔS) a área em torno de um ponto (p) localizada a uma distância (R) da fonte térmica. Considere que (ΔC) seja o fluxo calórico sobre (ΔS).

A definição de esquentamento permite escrever que:

$$E = \Delta C/\Delta S$$

Porém, sabe-se que:

$$\Delta C = Q . \Delta \Omega$$

Substituindo convenientemente as duas últimas expressões, obtém-se que:

$$E = Q . \Delta \Omega/\Delta S$$

Considerando que ($\Delta \Omega$) representa o ângulo sólido do cone de vértice na fonte e cujas geratrizes se apoiam no contorno de (ΔS).

Sabe-se que a definição de ângulo sólido é expressa por:

$$\Delta \Omega = \Delta S . \cos\alpha/R^2$$

Lembrando que a letra (α) representa o ângulo formado entre a normal a (ΔS) e a reta que liga (p) a um ponto (p') do elemento superfície.

Substituindo convenientemente as duas últimas expressões, obtém-se que:

$$E = (Q . \Delta S . \cos\alpha/R^2)\Delta S$$

Eliminando os termos em evidência vem que:

$$E = Q \cdot \cos\alpha/R^2$$

A expressão acima permite estabelecer as seguintes leis:

1.º O esquentamento produzido por uma fonte térmica puntiforme sobre um elemento de superfície é diretamente proporcional à quentura da fonte.

2.º O esquentamento causado por uma fonte pontual sobre um elemento de superfície é inversamente proporcional ao quadrado da distância que separa a fonte térmica da superfície considerada.

3.º O esquentamento causado pela fonte térmica puntiforme sobre um elemento de superfície é proporcional ao cosseno do ângulo formado pela normal à superfície com o raio médio do feixe.

7. Comparação de Quentura

Para comparar as quenturas de duas fontes térmicas, deve-se comparar os esquentamentos produzidos pelas duas fontes.

Para isso considere a equação básica já deduzida:

$$E = Q \cdot \cos\alpha/R^2$$

Considere também apenas o caso particular do esquentamento normal, para o qual ($\alpha = 0$), de forma que o ($\cos \alpha = 1$).

Nestas condições, a última expressão assume a seguinte forma:

$$E = Q/R^2$$

Se duas fontes térmicas esquentam superfícies idênticas, sob o mesmo ângulo, pode-se julgar se são ou não iguais os esquentamentos produzidos por essas fontes. No caso da igualdade tem-se que:

$$E_1 = E_2$$

Portanto conclui-se que:

$$Q_1/R^2_1 = Q_2/R^2_2$$

Desse modo, sendo conhecidas as distâncias (R_1) e (R_2), bem como a intensidade de uma das fontes térmicas, ficará determinada a intensidade da outra.

8. Trocas de Calor Com o Meio Ambiente

A troca de calor é a emissão espontânea de calor de um corpo quente para o meio ambiente, como resultado da agitação térmica molecular. A velocidade (v) de emissão de calor (calor que é emitido na unidade de tempo) é expressa pela fórmula que se segue e que caracteriza a influência de muitos fatores sobre o fenômeno:

$$v = k . A . (T - t)/p_{ext}$$

Por essa equação pode-se constatar que a velocidade de emissão de calor por um líquido ou um corpo qualquer aquecido está na dependência dos seguintes fatores:

1º. A velocidade de emissão depende do coeficiente ou constante de proporcionalidade (k), a qual representa a característica do material que constitui o corpo que emite calor.

2º. A seguir vem a área da superfície livre (**A**), cuja velocidade de emissão varia em proporcionalidade direta com a área. Por isso um líquido quente colocado num copo demora mais para esfriar do que o mesmo líquido colocado numa bacia.

3º. A velocidade de emissão também depende da pressão externa (p_{ext}) que é exercida sobre a substância quente, variando com a mesma em proporcionalidade inversa. Ou seja, quanto maior for a pressão, tanto menor será a velocidade de emissão.

4º. A velocidade de emissão de calor também depende da diferença de temperatura entre o corpo que emite calor com a temperatura do meio ambiente.

Sabe-se que o fluxo (ϕ) de calor (**Q**) através de uma superfície (**A**) no decorrer do tempo (**t**) é expresso pela seguinte relação:

$$\phi = Q/A \cdot t$$

Por outro lado a velocidade de emissão de calor (**v**) é a relação entre a quantidade de calor (**Q**) pelo tempo (**t**), conforme a seguinte equação:

$$v = Q/t$$

Combinando convenientemente as duas últimas expressões, resulta que:

$$\phi = v/A$$

Substituindo a referida expressão na fórmula da velocidade de emissão de calor, pode-se escrevente que:

$$v = \phi \cdot A = k \cdot A \cdot (T - t)/p_{ext}$$

Eliminando os termos em evidência, resulta na seguinte expressão:

$$\phi = k \cdot (T - t)/p_{ext}$$

13. Difusão de Calor - I

1. Modos de Difusão

A difusão do calor pode ser verificada através de três modos distintos, a saber:

a) Radiação,
b) Condução,
c) Convecção.

2. Lei Fundamental

A lei fundamental da difusão do calor é enunciada da seguinte maneira:

"De forma espontânea, o calor sempre se difunde de um corpo com maior temperatura para um corpo de menor temperatura".

3. Fluxo de Calor

A física Clássica define o fluxo de calor (ϕ) como sendo igual à quantidade de calor (Q) que atravessa uma superfície (S), durante um intervalo de tempo (Δt).

Simbolicamente, o referido enunciado é expresso por:

$$\phi = Q/\Delta t$$

É interessante observar que a grandeza denominada por fluxo de calor (ϕ) é igual à potência (**P**) com que a energia térmica atravessa a superfície de área (**S**). Desse modo, posso escrever que:

$$\phi = P$$

4. Intensidade de Calor

Com o objetivo de introduzir novos conceitos, passo a apresentar uma grandeza física que denominei por "Intensidade de Calor".

Desse modo chamo por intensidade de calor (**I**), o quociente do fluxo de calor (ϕ) ou potência (**P**), inversa pela área (**S**) que atravessa.

O referido enunciado pode ser simbolicamente representado por:

a) $\quad$ **I = ϕ/S**
b) $\quad$ **I = P/S**

A unidade de intensidade calorífica de caráter comum é medida em Watt por centímetro quadrado (w/cm^2) e Watt por metro quadrado (W/m^2).

5. Fluxo Uniforme

Considere uma superfície de área (**S**) imensa em um campo uniforme de radiações.

Então, defino o fluxo uniforme de calor (ϕ) através da área (**S**) pela seguinte expressão:

$$\phi = I \, . \, S \, . \, \cos\theta$$

Onde as letras:

(φ) representa o fluxo através da área (**S**)
(**I**) representa a intensidade calorífica
(**S**) representa a área plana, imersa no campo térmico
(θ) representa o ângulo formado entre a normal (↑ **n**) a superfície e a intensidade calorífica (**I**).

Chamo a atenção do leitor para observar que o fluxo é positivo quando o ângulo (θ) for agudo (**0 < θ ≤ 90°**); nesse caso, digo que o fluxo emerge da superfície.

Quando o ângulo (θ) for obtuso (**90° < θ < 180°**) o fluxo é negativo, e nesse caso digo que ele imerge na superfície.

Observe ainda os seguintes valores particulares do fluxo de calor:

a) $\cos\theta < 1 \Rightarrow \phi = I \, . \, S \, . \, \cos\theta$
b) $\cos\theta = 1 \Rightarrow \phi = I \, . \, S$; nesse caso o fluxo de calor é máximo, pois (θ = **0°**).
c) $\cos 0 = 0 \Rightarrow \phi = 0$; nesse caso o fluxo de calor é nulo, pois (θ = **90°**).

A intensidade de calor de um campo térmico é uniforme quando, ao manter constante (**k**) o ângulo (θ), (θ = **k**), qualquer que seja o deslocamento da superfície plana de área (**S**), o fluxo permanece invariável.

Quando a superfície não for plana e o campo não for uniforme, deve-se considerar o conceito de superfícies elementares, que podem ser consideradas planas por serem muito pequenas e o campo térmico através delas pode ser considerado uniforme.

Então, o fluxo através do elemento de superfície (**i**), de área (ΔS_i) será, pela definição apresentada expressa por:

$$\Delta\phi_i = I_i . \Delta S_i . \cos \theta_i$$

Naturalmente, o fluxo total será a soma de todos os fluxos parciais.

Simbolicamente, o referido enunciado é expresso por:

$$\phi = \Sigma\phi_i$$

Ou seja:

$$\phi = \Sigma I_i . \Delta S_i . \cos \theta_i$$

6. Intensidade de Calor de Fontes Puntiformes

A intensidade calorífica de fontes puntiformes que irradia igualmente em todas as direções, em um meio não absorvente, homogêneo e isótropo, varia na razão inversa do quadrado da distância à fonte.

Para demonstrar tal afirmação, basta considerar que a superfície de área (**S**) seja esférica. Como a área de uma superfície esférica é expressa por:

$$S = 4\pi . d^2$$

Onde a letra (**d**), representa a distância.
Como a equação permite escrever que:

$$I = \phi/S$$

Substituindo convenientemente as duas últimas expressões, vem que:

$$I = \phi/4\pi . d^2$$

7. Distribuição Calorífica de Fontes Puntiformes

Seja (**Q**) a quantidade de calor que se difunde no intervalo de tempo (**Δt**) através de uma superfície de área (**S**) normal à direção de propagação. Represento a intensidade calorífica média pela seguinte equação:

$$I = Q/(S . \Delta t)$$

Como já afirmei, nos casos de difusão tridimensional em meio homogêneo e isótopo a intensidade de calor varia na razão inversa do quadrado da distância à fonte que suponho puntiforme. À proporção que a quantidade de calor se difunde, ela é distribuída por uma superfície de área cada vez maior. Como a área cresce na razão direta do quadrado da distância (pois considerei superfície esférica) esta quantidade de calor é conservada. Esse calor transmitido é uma energia radiante denominada por calor irradiado. Parte dessa quantidade de calor pode ser absorvida pelo meio em que se propaga.

8. Evacuação Calorífica

Para se compreender o novo conceito de evacuação calorífica, deve-se considerar uma fonte de calor puntiforme. Dada uma direção (**d**), vou considerar um ângulo sólido muito pequeno, (**ΔΩ**), que contenha tal direção.

Assim, denomino por evacuação calorífica (**E**) dessa fonte, na direção considerada, a relação matemática existente entre o fluxo de calor (**Δφ**), enviada pela fonte no ângulo sólido (**ΔΩ**), e esse ângulo sólido.

Simbolicamente, posso escrever que:

$$E = \Delta\phi/\Delta\Omega$$

A evacuação calorífica é fundamentalmente definida para uma fonte puntiforme e numa dada direção.

9. Relação Entre Intensidade de Calor e Evacuação Calorífica

Defino a intensidade de calor pela seguinte relação:

$$I = \phi/S$$

No caso considerado, a fonte de calor emite uma quantidade de calor em todas as direções. Posso também considerar o fluxo de uma fonte puntiforme como sendo a parte dessa quantidade de calor irradiada no interior de um ângulo sólido, tendo por vértice a fonte de calor e contornando a superfície que atravessa.

Apresentei o conceito de evacuação calorífica representado pela seguinte relação matemática:

$$E = \Delta\phi/\Delta\Omega$$

Substituindo convenientemente as duas últimas expressões, posso concluir que:

$$I = E \cdot \Delta\Omega/\Delta S$$

10. Ângulo Sólido

A medida de um ângulo sólido se faz da seguinte maneira:

Considera-se uma superfície esférica qualquer, de raio (**d**) com centro no vértice do ângulo sólido, a qual é interceptada por ele segundo uma área (**S**). O valor do ângulo sólido expresso em unidade de esterorradianos é caracterizado pela seguinte relação:

$$\Omega = S/d^2$$

11. Ângulo Sólido e Dedução

Demonstrei que:

$$I = E \cdot \Delta\Omega/\Delta S$$

O ângulo sólido pode ser expresso por:

$$\Delta\Omega = \Delta S/d^2$$

Substituindo convenientemente as duas últimas expressões, vem que:

$$I = (E \cdot \Delta S)/(\Delta S \cdot d^2)$$

Eliminando os termos em evidência, vem que:

$$I = E/d^2$$

Nos casos que é absolutamente necessário considerar o cosseno do ângulo formado pela normal à superfície com o ângulo de incidência, pode-se escrever que:

$$I = (E/d^2) \cdot \cos\theta$$

12. Fluxo e Ângulo Sólido

Demonstrei que:

$$\Delta\phi = E \cdot \Delta\Omega$$

Sabe-se que:

$$\Delta\Omega = \Delta S/d^2$$

Substituindo convenientemente as duas últimas expressões, vem que:

$$\Delta\phi = E \cdot \Delta S/d^2$$

Ou:

$$\Delta\phi = (E \cdot \Delta S/d^2) \cdot \cos\theta$$

13. Intensidade de Calor e Ângulo Sólido

Demonstrei a seguinte realidade:

$$I = \phi/S$$

Sabe-se que:

$$\Delta\Omega = S/d^2$$

Substituindo convenientemente as duas últimas expressões, vem que:

$$I = \phi/\Delta\Omega \cdot d^2$$

Ou:

$$I = (\phi/\Omega \cdot d^2) \cdot \cos\theta$$

14. Fluxo de Calor Total

O fluxo de calor total uniforme em qualquer direção é determinado da seguinte forma:
Demonstrei que:

$$\phi = E \cdot \Omega$$

No caso considerado, posso escrever que:

$$\Omega = 4\pi$$

Substituindo convenientemente as duas últimas expressões, vem que:

$$\phi_T = 4\pi \cdot E$$

Assim, posso afirmar que o fluxo de calor total (ϕ_T) é igual a quatro (4) vezes o valor do pi (π), multiplicado pela evacuação calorífica (E).

15. Dedução da Lei Para Difusão do Calor por Condução

A lei de Fourier é enunciada nos seguintes termos:
"Em regime estacionário, o fluxo de calor por condução num material homogêneo é diretamente proporcional à área da seção transversal atravessada e à diferença de temperatura entre os extremos e inversamente proporcional à espessura da camada considerada".
O referido enunciado é expresso pela seguinte equação:

$$\phi = k \cdot S \cdot (T_2 - T_1)/e$$

Afirmo que o fluxo de calor (ϕ) é igual ao produto existente entre a intensidade de calor (**I**) pela área (**S**) de superfície que atravessa.

Simbolicamente, o referido enunciado é expresso por:

$$\phi = I . S$$

Igualando convenientemente as duas últimas expressões, vem que:

$$I . S = k . S . (T_2 - T_1)/e$$

Eliminando os termos em evidência, resulta numa lei que pode ser chamada de Lei de Fourier-Leandro.

$$I = k . T_2 - T_1/e$$

Desse modo a lei de Fourier-Leandro apresenta o seguinte enunciado:

"Em regime estacionário, a intensidade de calor por condução num material homogêneo é diretamente proporcional à diferença de temperatura entre os extremos e inversamente proporcional à espessura da camada considerada".

A constante de proporcionalidade (**k**) depende da natureza do material, sendo denominada por coeficiente de condutibilidade térmica.

16. Lei do Esfriamento de "Newton-Leandro"

Quando um corpo quente encontra-se em contato com o ar ele perde calor, ao mesmo tempo, por condução, por convecção e por irradiação.

O fluxo de calor perdido pelo corpo para o ambiente, em um determinado instante, é proporcional à área (**S**) da superfície que o separa deste ambiente, e à diferença de temperatura do corpo e do ambiente $(T_2 - T_1)$.

Simbolicamente, o referido enunciando é expresso por:

$$\phi = c \cdot S \cdot (T_2 - T_1)$$

Onde a letra (**c**) representa um coeficiente que depende da natureza da substância, do estado de agitação do ambiente e da rugosidade da superfície.

A última expressão é denominada por lei do esfriamento de Newton.

Demonstrei que o fluxo de calor (ϕ) é igual à intensidade de calor (**I**) multiplicada pela área da superfície (**S**).

Simbolicamente, o referido enunciado é expresso por:

$$\phi = I \cdot S$$

Igualando convenientemente as duas últimas expressões, vem que:

$$I \cdot S = c \cdot S \cdot (T_2 - T_1)$$

Eliminando os termos em evidência, resulta que:

$$I = c \cdot (T_2 - T_1)$$

Tal expressão caracteriza a lei do esfriamento de "Newton-Leandro", sendo enunciado nos seguintes termos:

"A intensidade de calor oriundo de um corpo para o ambiente, em determinado instante, é proporcional à diferença de temperatura do corpo e do ambiente".

17. Campo Térmico Uniforme

Defino o campo térmico uniforme com sendo aquele onde a intensidade de calor (**I**) é a mesma em todos os pontos, quando se considera o mesmo ângulo. Assim, em cada ponto do campo térmico, a intensidade calorífica apresenta o mesmo valor, a mesma direção e o mesmo sentido.

14. Difusão de Calor - II

1. Termicatura

Uma nova lei térmica estabelece que a termicatura de interação entre corpos termoscópicos pontuais é proporcional aos seus fluxos e inversamente proporcional ao quadrado da distância entre seus centros.

Simbolicamente, o referido enunciado é representado pela seguinte expressão.

$$\theta = k \; \phi_1 . \; \phi_2/d^2$$

Isto quer dizer que a termicatura de interação ocorre entre (ϕ_1) e (ϕ_2). A letra (k) representa uma constante definida por:

$$k = 1/4\pi . \; \alpha$$

Onde (α) representa a permidade absoluta do meio. No sistema de unidades original a permidade absoluta do vácuo $(\alpha_0 = 1)$.

2. Conceito de Campo Térmico

Um corpo termoscópico puntiforme (ϕ_1) modifica, de alguma forma, a região que a envolve, de modo que, ao se colocar um corpo termoscópicos puntiforme de prova (Q_2), em um ponto (p) desta região perturbada, será constatada a existência de uma termicatura (θ), agindo em (Q_2).

Neste caso, digo que o corpo (ϕ_1) origina ao seu redor um campo térmico, o qual age sobre (ϕ_2). Desse modo, o campo térmico desempenha o papel de transmissor de interações térmicas.

Analogamente, o corpo (ϕ_2) de prova também produz um campo térmico que age sobre (ϕ_1).

Assim, defino intensidade de calor ou intensidade de radiação ou simplesmente campo térmico ao quociente da termicatura, inversa pelo fluxo (ϕ_2) do corpo de prova.

Simbolicamente, posso escrever que:

$$I = \theta/\phi_2$$

3. Campo Térmico de um Corpo Termoscópico Puntiforme Fixo

Coloca-se em um ponto de um campo térmico, um corpo termoscópico puntiforme de prova (ϕ_2). Este fica sujeito a uma termicatura expressa por:

$$\theta = \phi_2 \cdot I$$

Pela lei fundamental pode-se escrever que:

$$\theta = (1/4\pi \cdot \alpha) \cdot (\phi_1 \cdot \phi_2/d^2)$$

Igualando convenientemente as duas últimas expressões, vem que:

$$\theta_2 \cdot I = (1/4\pi \cdot \alpha) \cdot (\phi_1 \cdot \phi_2/d^2)$$

Eliminando os termos em evidência, resulta que:

$$I = (1/4\pi \cdot \alpha) \cdot (\phi_1/d^2)$$

Um campo térmico uniforme é o campo onde a intensidade de calor (**I**) é a mesma em todos os pontos do campo. Observe que sendo o campo uniforme (**I = constante**), resulta que (θ) é constante e, portanto, um termômetro imerso em tal campo apresentaria sempre a mesma temperatura em qualquer ponto do campo.

4. Labuta de um Campo Térmico

Considere dois pontos (**A**) e (**B**) de um campo térmico; assim, defino o conceito de labuta como sendo expresso por:

$$L = I \cdot d$$

Sabe-se que:

$$I = (1/4\pi \cdot \alpha) \cdot (\phi_1/d^2)$$

Naturalmente, posso escrever que:

$$I \cdot d = (1/4\pi \cdot \alpha) \cdot (\phi_1/d)$$

Assim, posso concluir que:

$$L = (1/4\pi \cdot \alpha) \cdot (\phi_1/d)$$

5. Tragética

Tragética é uma grandeza que defino como sendo igual ao seguinte produto:

$$H = \phi_2 . I . d$$

Naturalmente posso escrever que:

$$I . d = H/\phi_2$$

Porém, sabe-se que: $(L = I . d)$

Substituindo as duas últimas expressões, vem que:

$$L = H/\phi_2$$

6. Capacidade de Difusão

Defino capacidade de difusão pela relação matemática existente entre o fluxo (ϕ) pela labuta.
Simbolicamente, o referido enunciado é expresso por:

$$c = \phi/L$$

Demonstrei que:

$$L = \phi/4\pi . \alpha . d$$

Substituindo as duas últimas expressões, vem que:

$$c = \phi/(\phi/4\pi . \alpha . d)$$

Portanto, vem que:

$$c = \phi . 4\pi . \alpha . d/\phi$$

Eliminando os termos em evidência, vem que:

$$c = 4\pi \cdot \alpha \cdot d$$

7. Forma Integral da Equação Térmica

Nos conceitos de difusão de calor (**I**), estabeleci a seguinte verdade:

$$d\phi = E \cdot d\Omega$$

Apresento a referido expressão na forma integral por:

$$\oint I \cdot dS = E \cdot d\Omega$$

8. Forma Diferencial da Equação Térmica

No presente parágrafo vou procurar mostrar a apresentação da equação térmica ($\oint I \cdot dS = E \cdot d\Omega$), sob forma diferencial. Aplica-se tal equação a um elemento de volume diferencial em forma de um paralelepípedo regular que contém um ponto (**p**) no qual existe um campo térmico.

O vetor que representa a área superficial da face anterior do paralelepípedo é expresso por:

$$dS = - i \, dy \cdot dz$$

O vetor que representa a área superficial da face posterior do paralelepípedo é expresso por:

$$dS = + i \, dy \cdot dz$$

Caso o campo na face anterior apresente intensidade (**I**), o da face posterior, que se encontra afastada de uma distância (**dx**), é [**I** + (δ**I**/δx) . **dx**].

Onde o último termo representa a variação em (**I**), associada com a variação **dx** em **x**.

O fluxo através de toda a superfície do paralelepípedo é expresso por:

$$\oint \text{I} . \text{dS}$$

Assim, a contribuição para este fluxo é devido somente a estas duas faces, sendo representado por:

(**I**) . (– i dy . dz) + (**I** + (δ**I**/δx)dx . (+ i . dy . dz)
= dx . dy . dz . (δ**I**/δx) . i
= dx . dy . dz . (δ/δx) . (**I** . i)
= dx . dy . dz δIx/δx

Porém, como as outras quatro faces são contribuições similares, o fluxo térmico total será representado simbolicamente por:

$$\oint \text{I} . \text{dS} = \text{dx} . \text{dy} . \text{dz} . [(\delta\text{Ix}/\delta\text{x}) + (\delta\text{Iy}/\delta\text{y}) + (\delta\text{Iz}/\delta\text{z})]$$

Matematicamente, posso apresentar a referido expressão por:

$$\oint \text{I} . \text{dS} = \text{dx} . \text{dy} . \text{dz} . \text{div I}$$

Pela matemática elementar, demonstra-se que:

$$d\Omega = (3/d^3) . dx . dy . dz$$

Onde (d^3) representa a distância (**raio**) ao cubo, e ($d\Omega$) o ângulo sólido, em particular, para o elemento de volume diferencial no ponto (**p**).

Demonstrei que:

$$\oint I \cdot dS = E \cdot d\Omega$$

Substituindo convenientemente as três últimas expressões, vem que:

$$dx \cdot dy \cdot dz \cdot div\ I = (E \cdot 3/d^3) \cdot dx \cdot dy \cdot dz$$

Eliminando os termos em evidência, vem que:

$$div\ I = 3E/d^3$$

Que representa a equação térmica sob a forma diferencial.

Tal equação é uma diferencial parcial acoplada. Ela é aplicada a cada ponto do espaço num campo térmico.

Demonstrei a seguinte verdade:

$$\oint I \cdot dS = dx \cdot dy \cdot dz \cdot [(\delta Ix/\delta x) + (\delta Iy/\delta y) + (\delta Iz/\delta z)]$$

Sabe-se que:

$$d\Omega = (3/d^3) \cdot dx \cdot dy \cdot dz$$

Também, afirmei que:

$$\oint I \cdot dS = E \cdot d\Omega$$

Substituindo convenientemente as três últimas expressões, vem que:

E . $(3/d^3)$. dx . dy . dz = dx . dy . dz. $[(\delta Ix/\delta x) + (\delta Iy/\delta y) + (\delta Iz/\delta z)]$

Eliminando os termos em evidência, vem que:

$$[(\delta Ix/\delta x) + (\delta Iy/\delta y) + (\delta Iz/\delta z)] = [3E/d^3]$$

Empregando o operador nabla, a referida expressão se reduz à seguinte:

$$\nabla I = 3E/d^3$$

15. Dilatalogia

1. Introdução

A dilatalogia é a ciência que tem por objetivo estudar a dilatação dos materiais.

A dilatalogia é uma das partes do conjunto da Física, que foi criada com o objetivo de se introduzir novos conceitos à dilatação.

2. Conceito Físico de Dilatabilidade

Sempre que um corpo termoscópico for submetido a ação de uma temperatura, ele sofre uma dilatação que varia de acordo com o grau de temperatura.

A definição de dilatabilidade implica que a mesma é tanto maior quanto maior for a dilatação sofrida por um corpo termoscópico e é tanto menor quanto maior for a temperatura a qual está sujeita.

3. Primeira Lei

A primeira lei na dilatalogia relaciona a variação da dilatação (ΔL), com a variação de temperatura a qual um corpo é submetido.

Simbolicamente, o referido enunciado é expresso por:

$$D = \Delta L / \Delta T$$

Onde a letra (**D**), representa a grandeza denominada por "Dilatabilidade".

A dilatabilidade mede a facilidade de um corpo apresentar dilatação.

4. Unidade de Dilatabilidade

Espero que no Sistema Internacional, a unidade de dilatabilidade seja o bertolino (ϕ), definido como a dilatabilidade de um corpo termoscópico, tal que a variação de uma dilatação de 1 cm seja originada de uma temperatura de um grau centígrado.

5. Representação Gráfica

Para um corpo termoscópico, um gráfico (ΔL) em função (ΔT), mostra uma reta, o que justifica a própria denominação de "linear". Tal gráfico permite escrever que:

$$\text{Tg } \theta \underline{N} \text{ D}$$

Onde a letra $\underline{N}$ representa a expressão "numericamente igual a...".

Pode-se ainda acrescentar que a reta toca a origem, mostrando que sem temperatura (**T = 0**) não existe dilatação ($\Delta L = 0$).

Para corpos termoscópicos que não obedecem à primeira lei, pode-se definir não uma dilatabilidade linear, mas sim uma dilatabilidade aparente em cada ponto, de tal modo que:

$$D_{ap} = \Delta L / \Delta T$$

Naturalmente, a dependência de (ΔL) em função de (ΔT) não é linear, o que faz com que o gráfico de (ΔL) por (ΔT) tome o aspecto de uma curva qualquer, dependendo das condições encontradas.

6. Rigidez Térmica

Defino a Rigidez Térmica (**R**) como sendo o inverso da dilatabilidade (**D**).
Simbolicamente, o referido enunciado é expresso por:

$$R = 1/D$$

7. Unidade de Rigidez Térmica

No sistema internacional, a unidade de rigidez térmica é definida pelo inverso do bertolino; ou seja:

$$\text{Unidade (R)} = \phi^{-1}$$

8. Segunda Lei

A dilatabilidade de um corpo termoscópico depende de suas dimensões e do material do qual ele é constituído.
Então seja um fio de comprimento inicial (**L**). Sua dilatabilidade será expressa por:

$$D = \alpha \cdot L_0$$

Onde a letra grega (α) alfa, representa o coeficiente de dilatação linear, que revela se o material é um bom ou mau dilatador.

9. Variação do Coeficiente de Dilatação

Nos casos em que o coeficiente de dilatação varia em função da temperatura, ele deve obedecer a seguinte equação:

$$\alpha = \alpha_0 . (1 + k . \Delta T)$$

Onde a letra (**k**), representa uma grandeza que chamo por índice de temperatura do coeficiente de dilatação. Entretanto, nos casos em que a variação de (**k**) com a temperatura for pequena, pode-se considerar constante para um dado material, dentro de pequenos intervalos de temperatura.

10. Coeficiente de Rigidez de Dilatação

Para um material qualquer o coeficiente de rigidez de dilatação (γ) é o inverso do coeficiente de dilatação. Simbolicamente, o referido enunciado é expresso por:

$$\gamma = 1/\alpha$$

11. Termogéneo

Termogéneo é uma grandeza física que introduzi na Dilatalogia e que permite explicar uma série de fenômenos térmicos.

No presente tratado vou apresentar apenas sua definição matemática. Ela é enunciada nos seguintes termos: O termogéneo de um corpo termoscópico é igual ao produto existente entre sua temperatura por sua dilatação.

Simbolicamente, o referido enunciado é expresso por:

$$G = T . \Delta L$$

No caso específico da dilatação de uma barra, para calcular o termogéneo de uma temperatura, tal definição não pode ser aplicada, pois essa temperatura não é constante, mas varia junto com a dilatação.

Para isso deve-se utilizar o cálculo gráfico no sistema cartesiano, cujo valor do termogéneo da temperatura é numericamente igual à área do triângulo.

Desse modo, posso escrever que:

$$G = \Delta T . \Delta L/2$$

Fazendo ($\Delta L = D . \Delta T$), posso também escrever que:

$$G = \Delta T . D . \Delta T/2$$

O que resulta:

$$G = D . \Delta T^2/2$$

Ainda, fazendo:

$$\Delta T = \Delta L/D$$

Posso escrever que:

$$G = \Delta L . \Delta L/D2$$

O que resulta:

$$G = \Delta L^2/2D$$

12. Termotência

Na natureza existem muitos problemas técnicos onde é fundamental considera a rapidez da realização de determinado termogéneo. A eficiência de um sistema termológico é medida pelo termogéneo de sua temperatura em relação ao tempo de concretização, definindo a grandeza que denominei por termotência. A referida conclusão é expressa simbolicamente pela seguinte equação:

$$\beta = G/\Delta t$$

Assim, posso afirmar que a termotência (β) é igual ao quociente do termogéneo (G), inverso pela variação de tempo (Δt).

13. Associação em Série

Vários corpos termoscópicos lineares podem ser ligados em série, constituindo apenas um corpo termoscópico resultante. Tal associação apresenta as seguintes características:

a) A temperatura em cada um dos corpos termoscópicos associados é a mesma.

b) A variação da dilatação no corpo termoscópico resultante pode ser tomada como a soma das dilatações parciais entre os terminais de cada um dos corpos individuais.
Simbolicamente, posso escrever que:

$$\Delta L = \Delta L_1 + \Delta L_2 + ... + \Delta L_n$$

Utilizando a primeira lei em cada corpo termoscópico individual, tem-se que:

$$\Delta L = D_1 . \Delta T + D_2 . \Delta T + ... + D_n . \Delta T$$

Portanto, resulta que:

$$\Delta L = \Delta T . (D_1 + D_2 + ... + D_n)$$

c) Dilatabilidade resultante

Uma associação de corpos termoscópicos que apresenta individualmente dilatabilidade distintas pode ser substituída por apenas uma. Assim, o corpo dinamoscópico resultante, apresenta dilatabilidade, cujo valor é igual à soma das dilatabilidades individuais dos corpos termoscópicos associados.

Simbolicamente, posso escrever que:

$$D = D_1 + D_2 + ... + D_n$$

d) Generalizando matematicamente tais conclusões, posso escrever que:

$$\Delta L = {}^n\sum_{\Delta T = 1} \Delta L_{\Delta T}$$

$$D = {}^n\sum_{\Delta T = 1} D_{\Delta T}$$

$\Delta T \rightarrow$ a mesma para todos os corpos

14. Dilatação

A dilatação (**E**) é a variação unitária de comprimento, e é obtida, dividindo-se (ΔL) (variação de comprimento) por (L_0) (comprimento inicial). Simbolicamente, posso escrever que:

15. Equação

$$E = \Delta L/L_0$$

Essa lei é representada simbolicamente pela seguinte equação:

$$E = \alpha \cdot \Delta T$$

Onde a letra (α), representa o coeficiente de dilatação. Tal equação permite afirmar que a dilatação é proporcional à variação de temperatura.

16. Dilatação Verdadeira

Os resultados que se obtém com o ensaio de dilatação convencional são valores sujeitos a erros, porque são baseados no comprimento inicial de medida (L_0). Desse modo procurei desenvolver um novo método para se calcular os valores verdadeiros daquelas propriedades. Sendo que tal método baseia-se nos valores instantâneos da base da medida para a dilatação, quando sujeita a uma temperatura (ΔT).

Desse modo, a dilatação verdadeira é fundamentada na mudança do comprimento com relação ao comprimento base de medida instantânea, em lugar de comprimento inicial de medida. Então suponha que ao aumentar a temperatura (T_i), de uma quantidade pequena, (dT_i), o comprimento, (L_i), aumenta de (dL_i), e, desse modo, a dilatação real unitária será igual a (dL_i/L_i) e para o caso de um aumento de temperatura de (**0 até T**) e do comprimento inicial indo de (L_0 até **L**), a dilatação verdadeira, (ϑ), é expressa por:

$$\vartheta = {}^L\!\!\int_{L_0} dL_i/L_i = \ln L_i {}^L \big|_{L_0}$$

Portanto, posso concluir que:

$$\vartheta = \ln L/L_0$$

17. Relação Entre Equações

Afirmei que:

a) $E = \Delta L/L_0$

Naturalmente, posso escrever que:

$$E = (L - L_0)/L_0 = (L/L_0) - 1$$

Evidentemente posso afirmar que:

$$L/L_0 = 1 + E$$

Desse modo, posso escrever que:

$$\ln (1 + E) = \ln L/L_0$$

Logo, posso concluir as seguintes verdades:

b) $\vartheta = \ln L/L_0$

Portanto:

$$\vartheta = \ln (1 + E)$$

18. Equação da Dilatação Linear

Demonstrei as seguintes expressões:

a) $D = \Delta L / \Delta T$

b) $D = \alpha \cdot L_0$

Igualando convenientemente as duas últimas expressões, vem que:

$$\Delta L / \Delta T = \alpha \cdot L_0$$

O que resulta:

$$\Delta L = \alpha \cdot L_0 \cdot \Delta T \qquad \text{(I)}$$

Também, demonstrei que:

c) $E = \Delta L / L_0$

d) $E = \alpha \cdot \Delta T$

Igualando convenientemente as duas últimas expressões, vem que:

$$\Delta L / L_0 = \alpha \cdot \Delta T$$

O que resulta:

$$\Delta L = \alpha \cdot L_0 \cdot \Delta T \qquad \text{(II)}$$

19. Dilatação transversal

Um corpo termoscópico ao ser submetido à ação de uma temperatura, ele não sofre apenas uma dilatação linear, mas sofre uma dilatação em todas as suas dimensões. Então considerando uma dilatação linear longitudinal e uma dilatação linear transversal; posso afirmar que a toda dilatação longitudinal corresponderá uma dilatação transversal proporcional e perpendicular àquela.

Simbolicamente, o referido enunciado é expresso pela seguinte equação:

$$E_T = b \cdot E$$

Onde a letra (E_T), representa a dilatação unitária transversal; onde a letra (E) representa a dilatação unitária longitudinal e onde a letra (b), representa o chamado coeficiente de Leandro (que caracteriza a capacidade do material se dilatar transversalmente).

Observe que o referido coeficiente é uma característica física do material.

20. Coeficiente de Segurança na Dilatação

Defino o coeficiente de segurança na dilatação (n) como sendo igual ao quociente da temperatura de fusão (T_f), inversa pela temperatura que suporta (T).

Simbolicamente, o referido enunciado é expresso pela seguinte relação:

$$n = T_f / T_0$$

16. Cinedilatação

1. Introdução

A cinedilatação é a parte da física que descreve os movimentos da dilatação de um corpo, independentemente de suas causas.

2. Conceito

Geralmente, quando aumenta a temperatura de um corpo, suas dimensões aumenta m: é a dilatação térmica.

A dilatação de um corpo pelo aumento de temperatura é consequência do aumento da agitação das partículas do corpo.

Por conveniência didática, o estudo da dilatação dos sólidos é feito da seguinte maneira:

a) Dilatação linear - aumento de uma dimensão;
b) Dilatação superficial - aumento da área de uma superfície;
c) Dilatação volumétrica - aumento do volume de um corpo.

Na dilatação linear, a dilatação de uma barra é diretamente proporcional ao comprimento inicial do corpo e diretamente proporcional à variação de temperatura.

Simbolicamente, posso escrever que:

$$\Delta L = \alpha . L_0 . \Delta T$$

Então, aplicando o conceito de velocidade, posso afirmar que a velocidade de dilatação é igual à variação da dilatação, inversa pelo intervalo de tempo. Posso escrever simbolicamente que:

$$v = \Delta L/\Delta t$$

Substituindo convenientemente as duas últimas expressões, vem que:

$$v = \alpha . L_0 . \Delta T/\Delta t$$

Entretanto defino um conceito denominado por transmissão de temperatura (Z) a relação existente entre a temperatura que um corpo alcança no intervalo de tempo. Simbolicamente, posso escrever que:

$$i = \Delta T/\Delta t$$

Também chamo o referido conceito por velocidade térmica.
Substituindo as duas últimas expressões, vem que:

$$v = \alpha . L_0 . i$$

Considerando conceitos de derivada, posso escrever que:

$$dv = \alpha . L_0 . di$$

Na dilatação superficial, a variação da área de uma superfície é proporcional à área inicial em produto com a variação de temperatura.
Simbolicamente, o referido enunciado é expresso por:

$$\Delta A = \beta . A_0 . \Delta T$$

Da mesma forma que se define uma velocidade linear; defino uma velocidade superficial como sendo igual ao quociente da variação da área, inversa pela variação de tempo. Simbolicamente, posso escrever que:

$$D = \Delta A / \Delta t$$

Substituindo convenientemente as duas últimas expressões, vem que:

$$D = \beta \cdot A_0 \cdot \Delta T / \Delta t$$

Porém, como ($i = \Delta T / \Delta t$), posso escrever que:

$$D = \beta \cdot A_0 \cdot i$$

Considerando conceitos de derivada, posso escrever que:

$$dD = \beta \cdot A_0 \cdot di$$

Na dilatação volumétrica, a variação de volume de um corpo é proporcional ao produto existente entre o volume inicial e a variação de temperatura. Simbolicamente, posso escrever que:

$$\Delta V = \gamma \cdot V_0 \cdot \Delta T$$

Também, defino uma velocidade volumétrica ou de expansão, como sendo igual ao quociente da variação de volume pela variação de tempo. O referido enunciado é expresso simbolicamente pela seguinte relação:

$$\phi = \Delta V / \Delta t$$

Substituindo convenientemente as duas últimas expressões, vem que:

$$\phi = \gamma \cdot V_0 \cdot \Delta T/\Delta t$$

Afirmei que ($i = \Delta T/\Delta t$), portanto, posso escrever que:

$$\phi = \gamma \cdot V_0 \cdot i$$

que:

Considerando o conceito de derivada, posso escrever

$$d\phi = \gamma \cdot V_0 \cdot di$$

3. Equação Geral Dilatérmica e Cinedilatação

A equação geral na dilatérmica pode ser escrita sob a forma linear, superficial e volumétrica.

Sob a forma linear, ela é simbolicamente expressa da seguinte forma:

$$Q = E \cdot \mu_{0L} \cdot \Delta L$$

Sabe-se que a potência é igual ao quociente da quantidade de calor, inversa pela variação de tempo.

Simbolicamente, posso escrever que:

$$p = Q/\Delta t$$

Substituindo convenientemente as duas últimas expressões, vem que:

$$p = E \cdot \mu_{0L} \cdot \Delta L/\Delta t$$

Entretanto, sabe-se que a velocidade linear da dilatação é igual ao quociente da variação da deformação, inversa pela variação de tempo. Simbolicamente, o referido enunciado é expresso por:

$$v = \Delta L/\Delta t$$

Substituindo convenientemente as duas últimas expressões, vem que:

$$p = E \cdot \mu_{0L} \cdot v$$

Ou em termos de derivada:

$$dp = E \cdot \mu_{0L} \cdot dv$$

Já a equação geral escrita sob a forma superficial, é expressa por:

$$Q = F \cdot \mu_{0s} \cdot \Delta S$$

Como ($p = Q/\Delta t$); posso escrever que:

$$p = F \cdot \mu_{0s} \cdot \Delta S/\Delta t$$

Como ($D = \Delta S/\Delta t$), vem que:

$$p = F \cdot \mu_{0s} \cdot D$$

Em termos de derivada, vem que:

$$dp = F \cdot \mu_{0s} \cdot dD$$

A equação geral escrita sob a forma volumétrica é expressa simbolicamente por:

$$Q = e \cdot \mu_0 \cdot \Delta V$$

Porém, sabe-se que ($p = Q/\Delta t$); assim, posso escrever que:

$$p = e \cdot \mu_0 \cdot \Delta V/\Delta t$$

Entretanto, afirmei que ($\phi = \Delta V/\Delta t$); portanto, posso escrever que:

$$p = e \cdot \mu_0 \cdot \phi$$

Em termos de derivada, resulta que:

$$dp = e \cdot \mu_0 \cdot d\phi$$

4. Equação Fundamental da Calorimetria e a Cinedilatação

A equação fundamental da calorimetria, afirma que a quantidade de calor de um corpo é igual ao valor do calor específico em produto com a massa do referido corpo e multiplicados pela variação de temperatura.

Simbolicamente, posso escrever que:

$$Q = c \cdot m \cdot \Delta T$$

Como a potência é igual ao quociente da quantidade de calor, inversa pela variação de tempo, posso escrever que:

$$p = c \cdot m \cdot \Delta T/\Delta t$$

Entretanto afirmei que:

$$i = \Delta T / \Delta t$$

Desse modo, posso escrever que:

$$p = c \cdot m \cdot i$$

5. Equação de Clapeyron na Cinedilatação

A equação de Clapeyron é expressa simbolicamente por:

$$B \cdot V = n \cdot R \cdot T$$

Na referida equação, a letra (**B**), representa a pressão, a letra (**V**) representa o volume, a letra (**n**) representa o número de moles, a letra (**R**) representa a constante universal dos gases perfeitos e a letra (**T**) representa a temperatura.

Sabe-se que a velocidade volumétrica é expressa por:

$$\phi = \Delta V / \Delta t$$

Desse modo, posso escrever que:

$$B \cdot \phi = n \cdot R \cdot T / \Delta t$$

Como ($i = \Delta T / \Delta t$), vem que:

$$B \cdot \phi = n \cdot R \cdot i$$

17. Características Gerais das Equações Térmicas

1. Introdução

Neste capítulo passo a considerar a forma do corpo exposto à radiação térmica.

Por conveniência didática, o estudo da forma dos corpos expostos à radiação é realizado da seguinte forma:

a) Forma linear - quando se considera apenas uma dimensão, como por exemplo, a extensão de uma barra;

b) Forma superficial - quando se considera a área de uma superfície, como a de uma chapa;

c) Forma volumétrica - quando se considera o volume de uma substância exposta à radiação, como por exemplo, um gás.

2. Variáveis de Estado da Térmica

Os estados fundamentais da "Térmica" são caracterizados pelos valores assumidos por três grandezas, que são as seguintes:

a) Temperatura (T);

b) Fluxo Térmico (ϕ);

c) Dimensão Espacial (L), (A) e (V)

Onde (L) caracteriza o comprimento linear; onde (A), caracteriza a área e onde (V), caracteriza o volume.

As grandezas T, ϕ e (L, A e V) constituem então as Variáveis de Estado da Térmica.

3. Equação da Forma Linear

As Variáveis de Estado da Térmica Linear (T, ϕ e L) estão relacionadas com a seguinte equação:

$$\alpha = T \cdot L/\phi$$

Onde (α) é uma constante de proporcionalidade.

4. Equação na Forma Superficial

As Variáveis de Estado da Térmica Superficial (T, ϕ e A) estão relacionadas com a seguinte equação:

$$\eta = T \cdot A/\phi$$

Onde (η) é uma constante de proporcionalidade que depende da natureza da substância exposta à radiação térmica.

5. Equação da Forma Volumétrica

As Variáveis de Estado da Térmica Volumétrica (T, ϕ e V) estão relacionadas com a seguinte expressão:

$$R = T \cdot V/\phi$$

Onde (R) é uma constante de proporcionalidade.

6. Lei Geral Volumétrica

Considere dois estados diversos de uma mesma substância, por exemplo, um gás:

a) Estado (**1**) T_1, S_1, ϕ_1
b) Estado (**2**) T_2, S_2, ϕ_2

Aplicando a equação da forma Superficial aos dois estados, obtém-se que:

$$T_1 . S_1 = \eta . \phi_1$$
$$T_2 . S_2 = \eta . \phi_2$$

Dividindo membro a membro essas expressões, vem que:

$$T_1 . S_1/T_2 . S_2 = \phi_1/\phi_2$$

Ou:

$$T_1 . S_1/\phi_1 = T_2 . S_2/\phi_2$$

A referida igualdade representa analiticamente a Lei Geral Superficial da Térmica, que relaciona dois estados quaisquer de uma dada massa de um gás exposto à radiação.

7. Transformações Particulares

São comuns as transformações em que variam duas das variáveis, mantendo-se uma constante.
Assim, podem ocorrer:

a) Uma transformação para qual (**T**) e (**S**) variam e (ϕ) é mantido constante, apresenta a seguinte equação:

$$T_1 . S_1/\phi_1 = T_2 . S_2/\phi_2$$

Sendo ($\phi_1 = \phi_2$), vem que:

$$T_1 . S_1 = T_2 . S_2$$

b) Uma transformação, em que (**T**) e (ϕ) variam e (**S**) é mantido constante, apresenta a seguinte equação:

$$T_1 . S_1/\phi_1 = T_2 . S_2/\phi_2$$

Sendo (**S₁** = **S₂**), posso escrever que:

$$T_1/\phi_1 = T_2/\phi_2$$

c) Uma transformação em que (ϕ) e (**S**) variam e (**T**) é mantido constante, apresenta a seguinte equação:

$$T_1 . S_1/\phi_1 = T_2 . S_2/\phi_2$$

Sendo (**T₁** = **T₂**), posso escrever que:

$$S_1/\phi_1 = S_2/\phi_2$$

18. Dilatérmica dos Sólidos

1. Definição

Dilatérmica é a parte da Física que estuda a relação entre o calor e a dilatação da matéria.

2. Capacidade Calorífica

A capacidade calorífica média (C_c) de um corpo é expressa simbolicamente por:

$$Cc = Q/m$$

Onde a letra (Q) representa a quantidade de calor e a letra (m) representa a massa do corpo considerado.

3. Variação Unitária de Comprimento

Considere uma barra metálica cilíndrica de massa (m), onde é marcada uma distância (L_0), ao longo de seu comprimento.

A aplicação da capacidade calorífica (C_c) faz com que a barra sofra uma dilatação. A deformação (ε) é a variação do comprimento (ΔL) pelo comprimento inicial do corpo.

Simbolicamente, o referido enunciado é expresso por:

$$\varepsilon = \Delta L / L_0$$

Assim, pode-se afirmar que a quantidade de calor (Q), produz um aumento da distância (L_0), de um valor (ΔL). Observe que a capacidade calorífica tem a dimensão de energia por unidade de massa e a dilatação é uma grandeza adimensional.

4. Gráfico

Um gráfico cartesiano representando a capacidade calorífica (C_c) pela deformação (ε) apresenta um diagrama linear que é representado pela seguinte equação:

$$Cc = E . \varepsilon$$

Sendo que tal equação representa uma lei fundamental. Onde (E) representa uma grandeza denominada por módulo de Leandro.

5. Equações de Medidas Instantâneas

Com a aplicação de uma quantidade de calor (Qi), o comprimento inicial (L_0) passa para (Li). Suponha que se aumente a quantidade de calor (Qi), de uma quantidade pequena, (dQi), o comprimento, (Li), aumenta de (dLi), e, então a dilatação unitária será expressa por (dLi/Li) e para o caso de um aumento da quantidade de calor de (Q_0) a (Q) e do comprimento inicial de (L_0) até (L), a dilatação unitária será expressa por:

$$f = {}^L\!\int_{L0} dLi/Li$$
$$f = \ln Li \, {}^L\big|_{L0}$$
$$f = \ln L/L_0$$

Efetuando-se um tratamento matemático, nas expressões estudadas até o presente momento, obtêm-se as seguintes demonstrações:

Sabe-se que:

$$\varepsilon = \Delta L/L_0 = (L - L_0)/L_0 = (L/L_0) - 1$$

Isto implica que:

$$L/L_0 = (1 + \varepsilon)$$

Isto implica também que:

$$\ln (1 + \varepsilon) = \ln L/L_0$$

Sabe-se que:

$$f = \ln L/L_0$$

Portanto, posso escrever que:

$$f = \ln (1 + \varepsilon)$$

6. Módulo de Leandro

O valor de (**E**), expresso por:

$$E = Cc /\varepsilon$$

É constante para cada metal ou liga metálica.

O módulo de Leandro é a medida rigidez-dilativa da matéria; quanto maior o módulo, menor será a dilatação resultante observada. No caso que se segue, o metal (**A**) apresenta uma rigidez - dilativa maior do que o metal (**B**), porque ($E_A > E_B$), devido a (ε_A) ser menor que (ε_B) para a mesma capacidade calorífica (C_c).

7. Equação Geral

O módulo de Leandro é expresso por:

$$E = Cc/\varepsilon$$

Porém, afirmei que:

a) $C_c = Q/m$

b) $\varepsilon = \Delta L/L_0$

Portanto, posso escrever que:

$$E = (Q/m)/(\Delta L/L_0)$$

Portanto, vem que:

$$E = Q \,.\, L_0/m \,.\, \Delta L$$

Com relação a tal expressão, posso escrever que:

$$Q = E \,.\, m \,.\, \Delta L/L_0$$

Entretanto devo chamar a atenção do leitor para observar que a relação entre a massa (**m**) pelo comprimento inicial (L_0) nada mais é do que a densidade linear (μ_{0l}) do corpo num temperatura de referência ou quantidade de calor de referência.

Simbolicamente, posso escrever que:

$$\mu_{01} = m/L_0$$

Então, substituindo convenientemente as duas últimas expressões, vem que:

$$Q = E . \mu_{01} . \Delta L$$

Sendo que tal expressão é denominada por equação geral ou equação fundamental da dilatérmica.

8. Dilatação Transversal

Embora para efeitos didáticos foi considerada apenas a dilatação linear, pode-se facilmente perceber que sempre ocorrerá uma dilatação das seções transversais de uma barra, juntamente com a dilatação linear. De forma que, se um corpo é submetido a uma quantidade de calor, ele sofrerá uma dilatação linear e também, terá um relativo aumento nas dimensões das seções transversais. Logo, posso concluir que a toda dilatação linear corresponderá uma dilatação transversal proporcional e de sentido perpendicular àquela.

Simbolicamente posso expressar a referida lei pela seguinte equação:

$$\varepsilon_T = \alpha . \varepsilon$$

Onde (ε_T) representa a dilatação unitária transversal e a letra (α) representa o chamado coeficiente de Leandro (que caracteriza a capacidade do material se dilatar transversalmente).

Observe que o referido coeficiente (α) é uma característica física do material.

9. Equação Geral na Forma Volumétrica

A equação geral na forma linear representada simbolicamente por:

$$Q = E \cdot \mu_{0l} \cdot \Delta L$$

Pode ser transformada em forma volumétrica, bastando substituir a densidade linear (μ_{0l}) pela densidade volumétrica representada simplesmente por (μ_0); e, expressa por (ΔL) para a variação da dilatação de volume (ΔV).
Desse modo, posso escrever que:

$$Q = e \cdot \mu_0 \cdot \Delta V$$

Naturalmente, o módulo (**E**) assume um novo valor, na sua forma volumétrica (**e**).

10. Queimação

Queimação é uma propriedade térmica que pode ser utilizada na especificação de materiais.
Em meu estudo, me limitarei à Queimação por penetração.
A queimação por penetração que propus em 1983, é simbolizada por (**p**).
O ensaio de queimação por penetração consiste em comprimir lentamente uma esfera de aço, de diâmetro (**D**) e de massa (**m**) sobre uma superfície plana, polida e limpa de um material através de uma força (**F**), durante um intervalo de tempo (**t**) com uma capacidade calorífica (**C**$_c$).
Tal esfera comprimida no material e com uma capacidade calorífica queimará o material provocando uma impressão permanente no mesmo, com o formato de uma

calota esférica, tendo um diâmetro (**d**), o qual deve ser medido por intermédio de um micrômetro óptico, depois de removida a esfera.

O valor do diâmetro (**d**) deve ser tomado como a média de duas leituras realizadas a 90° uma da outra. A queimação por penetração é definida em cal/g como o quociente entre a quantidade de calor pela massa de uma esfera de aço convencional e padrão.

Então para o estudo da queimação por penetração é absolutamente necessário manter invariáveis e de forma padrão em todos os ensaios realizados, as seguintes propriedades:

a) **Dinâmica**: Em todos os ensaios deve-se manter invariável a massa da esfera, o diâmetro da esfera, a natureza da esfera; a força de impressão da esfera e o tempo de impressão.

b) **Térmica**: Deve-se manter constante a capacidade calorífica da esfera. Nesse caso como a massa, o diâmetro e a natureza da esfera são fixados, deve-se, também fixar a quantidade de calor na esfera para se poder manter invariável a capacidade calorífica.

c) **Ambiente**: O ambiente externo deve estar sempre sobre as mesmas condições de temperatura e pressão.

11. Quantidade Térmica

A quantidade térmica e uma grandeza que apresenta princípio de conservação. Defino-a como sendo igual à capacidade calorífica média multiplicada pela dilatação correspondente.

Simbolicamente, o referido enunciado é expresso por:

$$U = (C_c/2) \cdot \varepsilon$$

Também, posso escrever que:

$$U = (C_c/2) . (C_c/E)$$

O que resulta em

$$U = C_c^2/2E$$

O módulo de quantidade térmica também pode ser calculado pela área de um triângulo descrito no gráfico cartesiano

12. Demonstração Clássica da Equação Geral

A equação fundamental da calorimetria permite escrever que a quantidade de calor é proporcional à massa multiplicada pela variação de temperatura.
Simbolicamente, posso escrever que:

$$Q = c . m . \Delta T$$

A equação da dilatação volumétrica permite afirmar que a variação de volume é proporcional ao volume inicial em produto com a variação de temperatura.
Simbolicamente, posso escrever que:

$$\Delta V = \gamma . V_0 . \Delta T$$

Então, dividindo as referidas expressões membro a membro, obtém-se que:

$$Q/\Delta V = (c . m . \Delta T)/(\gamma . V_0 . \Delta T)$$

Entretanto, pode-se observar que a densidade do corpo numa temperatura inicial é igual à massa do corpo, inversa pelo volume inicial do referido corpo.

Simbolicamente, posso escrever que:

$$\mu_0 = m/V_0$$

Substituindo convenientemente as duas últimas expressões, posso escrever que:

$$Q/\Delta V = (c/\gamma) \cdot \mu_0$$

Também, pode-se observar que a relação entre o calor específico (**c**) pelo coeficiente de dilatação volumétrica (γ), resulta num valor constante denominado por módulo de Leandro (**e**).

Simbolicamente, posso escrever que:

$$e = c/\gamma$$

Substituindo convenientemente as duas últimas expressões, vem que:

$$Q/\Delta V = e \cdot \mu_0$$

Naturalmente, posso escrever que:

$$Q = e \cdot \mu_0 \cdot \Delta V$$

Sendo que tal expressão representa a chamada equação geral na forma volumétrica.

13. Trio Equacionario

Devido a conveniência didática, o estudo da dilatação dos sólidos classificada em três formas; a saber: dilatação linear, dilatação superficial e dilatação volumétrica. Desse modo a equação geral assume três aspectos:

a) Equação geral na forma linear:

$$Q = E . \mu_{01} . \Delta L$$

Onde (ΔL) representa a variação do comprimento.

b) Equação geral na forma superficial:

$$Q = F . \mu_{0s} . \Delta S$$

Onde (ΔS) representa a variação da área de uma superfície.

c) Equação geral na forma volumétrica

$$Q = e . \mu_0 . \Delta V$$

Onde (ΔV) representa a variação do volume do corpo.

14. Unidade do Módulo de Leandro

Como demonstrei, o módulo de Leandro pode ser definido pela seguinte relação:

$$e = c/\gamma$$

Sabe-se que a unidade usual de calor específico é o cal/g°C.

Também, sabe-se que a unidade do coeficiente de dilatação é o grau recíproco 1/°C.

Então, posso escrever que:

$$\text{Unidade (e)} = (\text{cal/g°C})/(1/°C)$$

Assim, posso escrever que:

$$\text{Unidade (e)} = \text{cal/g}$$

O referido módulo na forma linear para o ouro apresenta o seguinte valor:

$$2133,3 \text{ cal/g}$$

O referido módulo na forma linear para a prata apresenta o seguinte valor:

$$2947,3 \text{ cal/g}$$

15. Capacidade Dilativa

Segunda a definição que apresento, a capacidade dilativa de um corpo é a razão entre a quantidade de calor a ele cedida e a variação de volume correspondente. Desse modo, se o volume de um corpo variar de (ΔV) ao receber uma quantidade de calor (Q), sua capacidade dilativa será expressa simbolicamente pela seguinte relação:

$$C = Q/\Delta V$$

Proponho que as principais unidades de capacidade dilativa sejam as seguintes:

$$(\textbf{cal/cm}^3; \textbf{kcal/cm}^3; \textbf{kcal/mm}^3 \text{ e } \textbf{kcal/cm}^3)$$

Nesta obra estou considerando a capacidade dilativa de um corpo como independente do volume.

16. Módulo de Leandro

O módulo de Leandro de uma substância é a razão entre a capacidade dilativa de um corpo dela constituído e a densidade inicial do corpo considerado. Assim, se um corpo de uma densidade inicial (μ_0) tiver uma capacidade dilativa (**C**) o módulo de Leandro será expresso simbolicamente pela seguinte equação:

$$e = C/\mu_0$$

Então, considerando a equação:

$$C = Q/\Delta V$$

E a equação:

$$e = C/\mu_0$$

Posso escrever que:

$$e = (Q/\Delta V)/(\mu_0/1)$$

Assim, resulta que:

$$e = Q/(\mu_0 . \Delta V)$$

Portanto, obtém-se a equação geral:

$$Q = E \cdot \mu_0 \cdot \Delta V$$

Evidentemente estou considerando o módulo de uma substância como independente do volume.

17. Observações

É possível fazer o aquecimento de um corpo mantendo a pressão constante ou mantendo a temperatura constante. Daí resulta uma necessidade de considerar, para cada corpo, duas capacidades dilatativas: uma a pressão constante (k_p) e outra a temperatura constante (k_T). A relação entre elas é representada pela letra (α). Portanto, posso escrever simbolicamente que:

$$\alpha = k_p / k_T$$

É evidente que a relação entre (e_p) e (e_T) também é igual a (α). Ou seja:

$$\alpha = e_p / e_T$$

18. Unidade Calorífica

Aqui a unidade calorífica é definida como sendo a quantidade de calor necessária para elevar o volume de um corpo a 1 mm^3.

De acordo com tal definição, posso afirmar que o módulo de Leandro da água numa densidade inicial ($\mu_0 = 1$ g/cm^3) necessita de uma quantidade de calor ($Q = 1$ cal) para sofrer uma variação de volume ($\Delta V = 1 \text{ cm}^3$). Portanto, vem que:

$$e_{H2O} = Q/(\mu_0 . \Delta V) = 1\text{cal}/(1\text{g/cm}^3 . 1\text{cm}^3) \therefore$$

$$e_{H2O} = 1 \text{ cal/g}$$

19. Densidade e Equação Geral

Considere um corpo homogêneo, de massa (**m**), que ocupa um volume (V_0) a uma quantidade de calor (Q_0) e um volume (**V**) a uma quantidade de calor (**Q**). Na quantidade de calor (Q_0), a densidade da substância é expressa por:

$$\mu_0 = m/V_0$$

Na quantidade de calor (**Q**), a densidade da substância é expressa por:

$$\mu = m/V$$

Naturalmente, posso escrever que:

$$\Delta\mu = \mu - \mu_0$$

Substituindo convenientemente as três últimas expressões, resulta que:

$$\Delta\mu = m/V - m/V_0 = m . (1/V - 1/V_0)$$

A equação geral permite escrever que:

$$Q = e . \mu_0 . \Delta V$$

Logicamente, posso escrever que:

$$\Delta V = Q/(e \cdot \mu_0)$$

Também, posso escrever que:

$$1/\Delta V = e \cdot \mu_0/Q$$

Então, multiplicando ambos os membros pela massa (**m**) da substância, obtém-se o seguinte resultado:

$$m/\Delta V = m \cdot e \cdot \mu_0/Q$$

Naturalmente, a variação da densidade é expressa por:

$$\Delta \mu = m/\Delta V$$

Assim, posso escrever que:

$$\Delta \mu = m \cdot e \cdot \mu_0/Q$$

Também, posso afirmar que:

$$\Delta \mu/\mu_0 = m \cdot e/Q$$

Evidentemente, posso escrever que:

$$(\mu - \mu_0)/\mu_0 = m \cdot e/Q$$

Assim, também, posso escrever o seguinte:

$$\mu = \mu_0 + (\mu_0 \cdot m \cdot e/Q)$$

Então resulta que:

$$\mu = \mu_0 . [(1 + (m . e/Q)]$$

Porém, apresentei a definição de capacidade calorífica como sendo igual ao quociente da quantidade de calor inversa pela massa do corpo. Simbolicamente, posso escrever que:

$$C_c = Q/m$$

Portanto, o inverso da capacidade calorífica é caracterizado simbolicamente por:

$$1/C_c = m/Q$$

Assim, com relação à equação da densidade, posso escrever que:

$$\mu = \mu_0 . (1 + e/C_c)$$

Sendo que a referida equação é denominada por equação básica da densidade.

20. Primeira Lei da Termodinâmica

A primeira Lei da Termodinâmica afirma que a variação da energia interna de um sistema é dada pela diferença entre a quantidade de calor trocada com o meio exterior e o trabalho realizado no processo termodinâmico.

Simbolicamente, o referido enunciado é expresso por:

$$\Delta U = Q - \vartheta$$

Demonstrei que:

$$Q = e \cdot \mu_0 \cdot \Delta V$$

Sabe-se que o trabalho é igual à pressão em produto pela variação de volume. Simbolicamente, o referido enunciado é expresso por:

$$\vartheta = p \cdot \Delta V$$

Desse modo, posso escrever que:

$$\Delta U = e \cdot \mu_0 \cdot \Delta V - p \cdot \Delta V$$

Naturalmente, posso escrever que:

$$\Delta U = \Delta V \cdot (e \cdot \mu_0 - P)$$

Sendo que tal expressão caracteriza a lei para os gases ideais.

21. Método de Dulong–Petit–Leandro

Considere um vaso comunicante cujo um dos ramos (**A**) é mantido a (**0° C**) por meio de gelo fundente sob pressão normal. E o outro ramo (**B**) é mantido a (**T°C**). As alturas de ambas as colunas (**h₀**) e (**h**) são perfeitamente conhecidas. Então, para se determinar a relação entre (**e/Cₑ**), deve-se proceder da seguinte forma:

a) $p_A = p_0 + h_0 \cdot \mu_0 \cdot g$

b) $p_B = p_0 + h_0 \cdot \mu_0 \cdot g$

Sabe-se que (**$p_A = p_B$**), portanto, pode-se escrever que:

$$p_0 + h_0 \cdot \mu_0 \cdot g = p_0 \cdot h \cdot \mu \cdot g$$

Então resulta que:

$$h_0 \cdot \mu_0 = h \cdot \mu$$

Entretanto demonstrei que:

$$\mu = \mu_0 \cdot (1 + e/C_c)$$

Substituindo convenientemente as duas últimas expressões, vem que:

$$h_0 \cdot \mu_0 = h \cdot \mu_0 \cdot (1 + e/C_c)$$

Eliminando os termos em evidência resulta que:

$$h_0 = h \cdot (1 + e/C_c)$$
$$h_0 = h + h \cdot e/C_c$$

Naturalmente, posso escrever que:

$$h_0 - h = h \cdot e/C_c$$

Portanto, vem que:

$$e/C_c = (h_0 - h)/h$$

E assim está demonstrado o método de Dulong-Petit-Leandro ou simplesmente método DPL.

22. Equação Para Tensões Térmicas

A equação da elasticidade permite escrever que:

$$F = K \cdot S \cdot \Delta L/L$$

Ou:

$$\Delta L = F \cdot L/K \cdot S$$

Onde as letras:
(**F**) representa a força
(**K**) representa o módulo de elasticidade
(**S**) representa a área da seção reta da barra
Então, quando se aquece uma barra e a impedimos de dilatar-se, aparecem no interior da barra tensões que podem adquirir valores elevados.

Pela equação geral na forma linear, posso escrever que:

$$Q = E \cdot \mu_{01} \cdot \Delta L$$

Também, posso escrever que:

$$\Delta L = Q/(E \cdot \mu_{01})$$

Desse modo, obtém-se a seguinte conclusão:

$$F \cdot L/K \cdot S = Q/(E \cdot \mu_{01})$$

Tal expressão permite escrever que:

$$F/Q = K \cdot S/E \cdot L \cdot \mu_{01}$$

Naturalmente a relação entre (**K**) e (**E**) resulta uma constante genérica.
Simbolicamente o referido enunciado é expresso por:

$$\alpha = K/E$$

Substituindo convenientemente as duas últimas expressões, vem que:

a) $F/Q = \alpha \cdot S/L \cdot \mu_{01}$

Sabe-se que a densidade linear é igual à relação entre a massa do corpo pelo comprimento longitudinal do mesmo. O referido enunciado é expresso simbolicamente pela seguinte relação:

$$\mu_{01} = m/L$$

Substituindo convenientemente as duas últimas expressões, vem que:

$$F/Q = \alpha \cdot S/(L \cdot m)/L)$$

Eliminando os termos em evidência, resulta que:

b) $F/Q = \alpha \, S/m$

Sendo que as expressões (**a**) e (**b**) são denominadas por equações para Tensões Térmicas.

23. Quantidade de Calorcórico

Introduzi o conceito de quantidade de calorcórico para explicar uma série de fenômenos térmicos. Defino a quantidade de calorcórico como sendo igual à metade da quantidade de calor em produto com a variação de volume de produz.

Simbolicamente, o referido enunciado é expresso por:

$$W = Q \cdot \Delta V/2$$

Naturalmente, posso escrever as seguintes verdades:

$$W = C \cdot \Delta V^2/2$$

$$W = Q^2/2C$$

$$W = C_c \cdot m \cdot \Delta V/2$$

19. Calorímetro na Dilatérmica

1. Introdução

A definição de calorímetro implica em dizer que o mesmo se trata de qualquer dispositivo capaz de medir quantidades de calor.

Como consequência os calorímetros podem ser empregados para a determinação experimental de módulos térmicos.

2. Método Experimental

Proponho neste capítulo apresentar um novo calorímetro. Ele é muito semelhante ao calorímetro de Berthelot. Todavia, esse novo calorímetro tem uma função totalmente diferente do calorímetro de Berthelot.

Para se determinar característica do novo calorímetro resultante em água, deve-se proceder da seguinte forma:

a) Colocar no calorímetro uma determinada quantidade de água na sua densidade inicial do ambiente (μ_{01}) e deve-se medir o volume inicial do sistema água-calorímetro.

b) Em seguida deve-se acrescentar outra determinada quantidade de água a uma densidade inicial acima daquela ambiental (μ_{02}), a um volume (V_2).

c) Com um agitador, deve-se misturar bem a água, e uma vez realizado o equilíbrio térmico, deve-se medir o volume final (**V**) do sistema água-calorímetro.

3. Equação do Novo Calorímetro

Após concluir a prática experimental descrita no item anterior, deve-se aplicar a equação do calorímetro, que será deduzida no presente parágrafo.

O princípio da conservação de calor permite escrever que:

$$e \cdot \mu_{02} \cdot (V_2 - V) = e \cdot \mu_{01} \cdot (V - V_1) + \theta \cdot (V - V_1)$$

Sendo:

$$e = 1 \ cal/g$$

Então vem que:

$$\mu_{02} \cdot (V_2 - V) = \mu_{01} \cdot (V - V_1) + \theta \cdot (V - V_1)$$

De onde se tira a característica térmica (θ) no calorímetro.

$$\theta = [\mu_{02} \cdot (V_2 - V) - \mu_{01} \cdot (V - V_1)]/[(V - V_1)]$$

Também, posso escrever que:

$$\theta = [\mu_{02} \cdot (V_2 - V)/(V - V_1)] - \mu_{01}$$

4. Resultante em Água de um Corpo

A resultante em água de um corpo é a densidade inicial de água, que apresenta a mesma característica térmica do corpo.

Tal conceito implica no seguinte: Se (μ_0) representa a densidade inicial do corpo e (**e**) o seu módulo térmico, a característica térmica (θ), será expressa por:

$$\theta = e \cdot \mu_0$$

Se (**R**) é a resultante em água do corpo, a característica térmica desta água é também igual a (θ). Ou seja:

$$\theta = R \cdot e_{H2O}$$

Portanto, posso concluir que:

$$R \cdot e_{H2O} = \mu_0 \cdot e$$

5. Forma Equivalente da Equação Fundamental

A equação térmica fundamental é expressa simbolicamente pela seguinte igualdade:

$$Q = e \cdot \mu_0 \cdot \Delta V$$

Entretanto a variação de volume é expressa pela diferença entre o volume final (**V**) pelo volume inicial (**V$_0$**).

O referido enunciado é expresso simbolicamente por:

$$\Delta V = V - V_0$$

Substituindo convenientemente as duas últimas expressões, vem que:

$$Q = e \cdot \mu_0 \cdot (V - V_0)$$

Dessa forma, posso escrever que:

$$Q = e \cdot (\mu_0 \cdot V - \mu_0 \cdot V_0)$$

Naturalmente, a densidade inicial (μ_0) de um corpo é igual ao quociente da massa (**m**) desse corpo, inversa pelo volume inicial (V_0).
Simbolicamente, o referido enunciado é expresso por:

$$\mu_0 = m/V_0$$

Com relação à referida expressão, posso também escrever que:

$$m = \mu_0 \cdot V_0$$

Desse modo, posso concluir a seguinte verdade:

$$Q = e \cdot (\mu_0 \cdot V - m)$$

Tal equação é a forma equivalente da equação térmica fundamental.

6. Massa e Característica Térmica

Demonstrei que:

$$\theta = e \cdot \mu_0$$

Como:

$$\mu_0 = m/V_0$$

Posso escrever que:

$$\theta = e \cdot m/V_0$$

Logicamente, posso concluir que:

$$m = \theta \cdot V_0/e$$

A equação equivalente térmica permite escrever que:

$$Q = e \cdot (\mu_0 \cdot V - m)$$

Substituindo convenientemente as duas últimas expressões, vem que:

$$Q = e \cdot [(\mu_0 \cdot V) - (\theta \cdot V_0/e)]$$

Logo, resulta que:

$$Q = (e \cdot \mu_0 \cdot V) - (\theta \cdot V_0 \cdot e/e)$$

Eliminando os termos em evidência, vem que:

$$Q = e \cdot \mu_0 \cdot V - \theta \cdot V_0$$

Sabendo-se que:

$$\mu_0 = m/V_0$$

Substituindo convenientemente as duas últimas expressões, vem que:

$$Q = e \cdot V \cdot m/V_0 - \theta \cdot V_0$$

Como:

$$e \cdot m = \theta \cdot V_0$$

Posso concluir que:

$$Q = V . \theta . V_0/V_0 - \theta . V_0$$

Eliminando os termos em evidência, vem que:

$$Q = \theta . V - \theta . V_0$$

Logo, posso estabelecer a seguinte realidade fundamental:

$$Q = \theta . (V - V_0)$$

Ou seja:

$$\theta = Q/(V - V_0)$$

7. Determinação do Módulo Térmico

A determinação do módulo térmico está baseada na equação calorimétrica, conforme a seguinte demonstração:
Sabe-se que:

$$e . \mu_{02} . (V_2 - V) = \mu_{01} . (V - V_1) + \theta . (V - V_1)$$

De onde se tira:

$$e = [\mu_{01} . (V - V_1) + \theta . (V - V_1)]/[\mu_{02} . (V_2 - V)]$$

Naturalmente posso escrever que:

$$e = [(V - V_1) . (\mu_{01} + \theta)]/[\mu_{02} . (V_2 - V)]$$

8. Determinação Experimental do Módulo Térmico

Para se determinar o módulo térmico, devem-se seguir os seguintes procedimentos:

a) Colocar no calorímetro, cuja resultante em água já se conhece, um determinado volume de água de densidade (μ_{01}) ambiental.

b) Calcular a densidade do corpo cujo módulo térmico se deseja conhecer. Assim, seja (μ_{02}) sua densidade.

c) Mantendo o corpo preso a um fio, deve-se colocá-lo na água em ebulição durante algum tempo. Seja (V_2) o volume da água em ebulição na região.

d) Uma vez que o corpo entra em equilíbrio térmico com a água fervendo, deve-se colocá-lo rapidamente no calorímetro. Seja (**V**) o volume final.

e) Aplicando a equação deduzida que deduzi no parágrafo anterior; obtém se que:

$$e = [(\mu_0 + \theta)/\mu_{02} . (V_2 - V)] . [(V - V_1)]$$

9. Característica Molecular Térmica

Demonstrei que:

$$Q = e . \mu_0 . \Delta V$$

Sabe-se que:

$$Q = e . \Delta V . m/V_0$$

Sabe-se que a molécula-grama é expressa por:

$$n = m/M$$

Substituindo convenientemente as duas últimas expressões, posso escrever que:

$$Q = e . n . M . \Delta V/V_0$$

Sendo (v) representa o volume molar e (n) representa as moléculas grama que ocuparão o volume ($V_0 = n . v$), nas mesmas condições de temperatura e pressão. Assim, posso escrever que:

$$Q = e . n . M . \Delta V/n . v$$

Ao eliminar os termos em evidência, resulta que:

$$Q = e . M . \Delta V/v$$

Porém, caracterizo uma grandeza denominada por densidade molar pela seguinte relação:

$$U = M/v$$

Substituindo convenientemente as duas últimas expressões, vem que:

$$Q = e . U . \Delta V$$

Desse modo, defino característica molar térmica pela seguinte relação:

$$\theta_m = e . U$$

20. Dilatérmica dos Gases Ideais

1. Dedução da Equação Isobárica

A equação fundamental da calorimetria afirma que a quantidade de calor de um corpo é proporcional à massa de tal corpo em produto com sua temperatura.

Simbolicamente, o referido enunciado é expresso por:

$$Q = c \cdot m \cdot T$$

A lei de Gay-Lussac afirma que sob pressão constante, a variação de volume de uma determinada massa gasosa é proporcional ao seu volume inicial em produto com a temperatura.

O referido enunciado é expresso pela seguinte equação:

$$\Delta V = \beta \cdot V_0 \cdot T$$

Dividindo membro a membro das referidas expressões, vem que:

$$Q/\Delta V = (c \cdot m \cdot T)/(\beta \cdot V_0 \cdot T)$$

Eliminando os termos em evidência, vem que:

$$Q/\Delta V = (c/\beta) \cdot (m/V_0)$$

Porém a densidade inicial do gás é igual ao quociente da massa do mesmo, inverso pelo volume inicial.

Simbolicamente, o referido enunciado é expresso por:

$$\mu_0 = m/V_0$$

Substituindo convenientemente as duas últimas expressões, vem que:

$$Q/\Delta V = (c/\beta) \cdot \mu_0$$

Deve-se observa que a relação (**c/β**), resulta numa constante que em outra parte desta obra denominei por módulo de Leandro e representei pela letra (**e**). Assim, posso escrever que:

$$Q = e \cdot \mu_0 \cdot \Delta V$$

Assim, posso afirmar que sob pressão constante a quantidade de calor de uma massa gasosa é igual ao módulo de Leandro em produto com a densidade inicial do gás e multiplicada pela variação de volume que o mesmo apresenta.

2. Dedução da Equação Isocórica

A equação fundamental da calorimetria é expressa simbolicamente por:

$$Q = c \cdot m \cdot T$$

A lei de Charles afirma que quando o volume permanece constante a variação de pressão exercida por uma determinada massa gasosa é proporcional à pressão inicial em produto com a temperatura.

Simbolicamente, o referido enunciado é expresso por:

$$\Delta p = \alpha \cdot p_0 \cdot T$$

Dividindo membro a membro das referidas expressões, vem que:

$$Q/\Delta p = (c \cdot m \cdot T)/(\alpha \cdot p_0 \cdot T)$$

Eliminando os termos em evidência, resulta que:

$$Q/\Delta p = (c/\alpha) \cdot (m/p_0)$$

Observe que a relação (c/α) resulta numa constante que representarei pela letra (γ). Assim, posso escrever que:

$$Q/\Delta p = \gamma \cdot (m/p_0)$$

Entretanto, a relação entre a massa de um gás pela pressão que o mesmo exerce é uma grandeza física de defino como pressão básica e, é expressa simbolicamente pela seguinte relação:

$$b = m/p$$

E em se tratando de uma pressão básica inicial posso escrever que:

$$b_0 = m/p_0$$

Desse modo, posso conclui que:

$$Q = \gamma \cdot b_0 \cdot \Delta p$$

Logo, posso afirmar que sob volume constante a quantidade de calor de uma massa gasosa é igual à constante

Isocórica em produto com a pressão bárica inicial e multiplicada pela variação de pressão que o mesmo sofre.

3. Módulo Molar Isobárico

Demonstrei que:

$$Q = e \cdot \mu_0 \cdot \Delta V$$

Entretanto, sabe-se que:

$$\mu_0 = m/V_0$$

Substituindo convenientemente as duas últimas expressões, vem que:

$$Q = e \cdot m \cdot \Delta V/V_0$$

Se (v) é o volume molar, as (n) moléculas-grama ocuparão o volume (n . v), nas mesmas condições de temperatura e pressão. Em particular, para as condições normais tem-se que:

$$V_0 = n \cdot v$$

Substituindo convenientemente as duas últimas expressões, posso escrever que:

$$Q = e \cdot m \cdot \Delta V/n \cdot v$$

Se (m) é a massa do gás e (M) é a sua molécula-grama, a razão (m/M), fornece o número de moléculas-gramas do gás. Simbolicamente, posso escrever que:

$$n = m/M$$

Substituindo convenientemente as duas últimas expressões, vem que:

$$Q = e \cdot n \cdot M \cdot \Delta V/n \cdot v$$

Eliminando os termos em evidência, resulta que:

$$Q = e \cdot M \cdot \Delta V/v$$

Observe na referida equação que a letra (**v**) representa o volume molar. Nas condições normais de temperatura e pressão o volume molar de qualquer gás perfeito é igual a 22,414 litros por mol; ou seja:

$$v = 22,414 \text{ litros/mol}$$

Então, com relação à última expressão, posso escrever que:

$$Q = 1/22,414 \cdot (e \cdot M \cdot \Delta V)$$

Agora, apresento a seguinte realidade: O produto do módulo de Leandro (**e**) pela sua molécula grama (**M**) do gás é denominado por módulo molar Isobárico (**B**).
Simbolicamente, posso escrever que:

$$B = e \cdot M$$

Substituindo convenientemente as duas últimas expressões, vem que:

$$Q = 1/22,414 \cdot (B \cdot \Delta V)$$

Tal equação afirma que a quantidade de calor num gás depende apenas da natureza de cada gás e da variação de volume que o mesmo irá assumindo.

4. Módulo Molar Isocórico

Demonstrei que:

$$Q = \gamma \cdot b_0 \cdot \Delta p$$

Afirmei que:

$$b_0 = m/p_0$$

Substituindo convenientemente as duas últimas expressões, vem que:

$$Q = \gamma \cdot m \cdot \Delta p/p_0$$

Nas condições normais de pressão e temperatura, (p_0), apresenta o seguinte valor:

$$p_0 = 1 \text{ atm}$$

Também, sabe-se que o número de moléculas-grama de um gás é expresso por:

$$n = m/M$$

Substituindo convenientemente as três últimas conclusões, resulta que:

$$Q = \gamma \cdot n \cdot M \cdot \Delta p$$

Assim, apresento a seguinte verdade: O produto existente entre a constante córica (γ) pela molécula-grama (M) é igual ao módulo molar Isocórico (S). Simbolicamente, posso escrever que:

$$S = \gamma . M$$

Substituindo convenientemente as duas últimas expressões, vem que:

$$Q = n . S . \Delta p$$

5. Equação dos Estados dos Gases Ideais

As observações dos parágrafos anteriores permite escrever que:

$$\Delta p_1 . \Delta V_1 / Q_1 = \Delta p_2 . \Delta V_2 / Q_2$$

Em um estado de condições normais de temperatura e pressão, posso escrever que:

$$\Delta p . \Delta V / Q = \Delta p_0 . \Delta V_0 / Q_0$$

Sendo:

a) $\Delta p_0 = 1 \text{ atm}$
b) $\Delta V_0 = n . v$
c) $v = 22{,}414 \text{ litros/mol}$
d) $Q_0 = c . m . T_0$ Onde $T_0 = 273°K$
e) $m = n . M$
f) $C = c . M$

Assim, posso conclui que:

$$\Delta p \cdot \Delta V/Q = \Delta p_0 \cdot n \cdot v/n \cdot C \cdot T_0$$

Eliminando os termos em evidência, vem que:

$$\Delta p \cdot \Delta V/Q = \Delta p_0 \cdot v/C \cdot T_0$$

Pode-se concluir que $(\Delta p_0 \cdot v/T_0)$ é uma constante que independe da massa e da natureza do gás. Ela é representada pela letra (**R**), sendo denominada constante universal dos gases. Tem-se então que:

$$\Delta p \cdot \Delta V/Q = R/C$$

Ou seja:

$$\Delta p \cdot \Delta V/Q = R/C$$

Onde a letra (**C**) representa o valor do calor molar. Assim, a equação pode ser apresentada na seguinte forma:

$$\Delta p \cdot \Delta V = R \cdot Q/C$$

6. Equação Calorimétrica dos Gases Ideais

A equação de Clapeyron permite escrever que:

$$V = m \cdot R \cdot T/p \cdot M$$

A quantidade de calor é expressa por:

$$Q = c \cdot m \cdot T$$

Dividindo membro a membro das referidas expressões, vem que:

$$Q/V = (c \cdot m \cdot T)/(m \cdot R \cdot T/p \cdot M)$$

Assim, resulta que:

$$Q/V = c \cdot m \cdot T \cdot p \cdot M/m \cdot R \cdot T$$

Eliminando os termos em evidência, resulta que:

$$Q/V = c \cdot M \cdot p/R$$

Porém, o calor molar do gás é expresso por:

$$C = c \cdot M$$

Substituindo convenientemente as duas últimas expressões, vem que:

$$Q/V = C \cdot p/R$$

Logo, resulta que:

$$Q = (C/R) \cdot p \cdot V$$

Sendo que tal equação é idêntica à que foi obtida no parágrafo anterior.

7. Equações Gerais I

Demonstrei a seguinte realidade:

$$Q = e \cdot \mu_0 \cdot V$$

A equação de Clapeyron permite expressar o volume nos seguintes termos:

$$V = n \cdot R \cdot T/p$$

Substituindo convenientemente as duas últimas expressões, vem que:

$$Q = e \cdot \mu_0 \cdot n \cdot R \cdot T/p$$

Sabe-se que

$$\mu_0 = m/V_0$$

Substituindo convenientemente as duas últimas expressões, vem que:

$$Q = e \cdot m \cdot n \cdot R \cdot T/V_0 \cdot p$$

Porém, com se sabe:

$$V_0 = n \cdot v$$

Substituindo convenientemente as duas últimas expressões, vem que:

$$Q = e \cdot m \cdot n \cdot R \cdot T/n \cdot v \cdot p$$

Eliminando os termos em evidência, resulta que:

$$Q = e \cdot m \cdot R \cdot T/v \cdot p$$

Porém, a relação (**R/v**), resulta numa constante de característica universal que representarei pela letra (**L**). Assim, vem que:

$$Q = L \cdot e \cdot m \cdot T/p$$

Sabe-se que (**m = n . M**), então posso escrever o seguinte:

$$Q = L \cdot e \cdot n \cdot M \cdot T/p$$

Entretanto o produto (**e . M**) é definido como sendo igual ao módulo molar (β). Desse modo, posso escrever que:

$$\beta = e \cdot M$$

Substituindo convenientemente as duas últimas expressões, vem que:

$$Q = L \cdot \beta \cdot n \cdot T/p$$

8. Equações Gerais II

Demonstrei que:

$$Q = e \cdot \mu_0 \cdot V$$

A teoria cinética dos gases mostra que:

$$V = m \cdot U^2/3p$$

Substituindo convenientemente as duas últimas expressões, vem que:

$$Q = e \cdot \mu_0 \cdot m \cdot U^2/3p$$

Onde (**U**) representa a velocidade da molécula.
Sabe-se que:

$$m = n \cdot M$$

Substituindo convenientemente as duas últimas expressões, vem que:

$$Q = e \cdot \mu_0 \cdot n \cdot M \cdot U^2/3p$$

Como:

$$\beta = e \cdot M$$

Posso escrever que:

$$Q = \beta \cdot \mu_0 \cdot n \cdot U^2/3p$$

Também, sabe-se que:

$$\mu_0 = m/V_0$$

Substituindo convenientemente as duas últimas expressões, vem que:

$$Q = \beta \cdot m \cdot n \cdot U^2/V_0 \cdot 3p$$

Como:

$$V_0 = n \cdot v$$

Posso escrever que:

$$Q = \beta \cdot m \cdot n \cdot U^2/n \cdot v \cdot 3p$$

Eliminando os termos em evidência, vem que:

$$Q = \beta \cdot m \cdot U^2/v \cdot 3p$$

Onde (**1/3v**) é uma constante que eu represento por (**k**). Desse modo, vem que:

$$Q = k \cdot \beta \cdot m \cdot U^2/p$$

9. Equações Gerais III

Demonstrei que:

$$Q = e \cdot \mu_0 \cdot V$$

Pela teoria cinética dos gases ideais, sabe-se que:

$$V = 2W/3p$$

Onde (**W**) representa a energia cinética do gás. Substituindo convenientemente as duas últimas expressões, vem que:

$$Q = e \cdot \mu_0 \cdot 2W/3p$$

Sabe-se que:

$$\mu_0 = m/V_0$$

Substituindo convenientemente as duas últimas expressões, vem que:

$$Q = 2e \cdot m \cdot W/3V_0 \cdot p$$

Porém:

$$m = n \cdot M$$

Substituindo convenientemente as duas últimas expressões, vem que:

$$Q = (2/3) \cdot e \cdot n \cdot M \cdot W/V_0 \cdot p$$

Afirmei anteriormente que:

$$\beta = e \cdot M$$

Novamente substituindo convenientemente as duas últimas expressões, vem que:

$$Q = (2/3) \cdot \beta \cdot n \cdot W/V_0 \cdot p$$

Como:

$$V_0 = n \cdot v$$

Vem que:

$$Q = (2/3) \cdot \beta \cdot n \cdot W/n \cdot v \cdot p$$

Eliminando os termos em evidência, resulta que:

$$Q = (2/3) \cdot \beta \cdot W/v \cdot p$$

Porém, a relação $(2/3 \cdot v)$, resulta numa constante (α). Assim, posso escrever que:

$$Q = \alpha \cdot \beta \cdot W/p$$

10. Equações Gerais IV

Demonstrei que:

$$Q = e \cdot \mu_0 \cdot V$$

A densidade é expressa por:

$$\mu = m/V$$

Substituindo convenientemente as duas últimas expressões, vem que:

$$Q = e \cdot \mu_0 \cdot m/\mu$$

A densidade de um gás é expressa por:

$$\mu = \mu_0 \cdot p \cdot T_0/p_0 \cdot T$$

Substituindo convenientemente as duas últimas expressões, vem que:

$$Q = (e \cdot \mu_0 \cdot V)/(\mu_0 \cdot p \cdot T_0/p_0 \cdot T)$$

Portanto, vem que:

$$Q = e \cdot \mu_0 \cdot m \cdot p_0 \cdot T/\mu_0 \cdot p \cdot T_0$$

Eliminando os termos em evidência, resulta que:

$$Q = e \cdot m \cdot (p_0/p) \cdot (T/T_0)$$

Também, sabe-se que:

$$\mu_0 = p_0 . M/R . T_0$$

Então substituindo a referida expressão em:

$$Q = e . \mu_0 . V$$

Vem que:

$$Q = (e . V . p_0 . M)/(R . T_0)$$

Em meus estudos afirmei largamente que:

$$\beta = e . M$$

Substituindo convenientemente as duas últimas expressões, vem que:

$$Q = (\beta/R) . V . (p_0/T_0)$$

Também, sabe-se que a densidade de um gás é expressa por:

$$\mu = p . M/R . T$$

Demonstrei que:

$$Q = e . \mu_0 . m/\mu$$

Substituindo convenientemente as duas últimas expressões, vem que:

$$Q = (e . \mu_0 . m)/(p . M/R . T)$$

Portanto, vem que:

$$Q = e \cdot \mu_0 \cdot m \cdot RT/p \cdot M$$

Sabe-se que:

$$n = m/M$$

Substituindo convenientemente as duas últimas expressões, vem que:

$$Q = R \cdot e \cdot \mu_0 \cdot n \cdot T/p$$

11. Trabalho e Calor

O trabalho de expansão de um gás numa evolução isobárica é expresso por:

$$\vartheta = p \cdot \Delta V$$

O calor de tal gás é expresso por uma equação fundamental:

$$Q = e \cdot \mu_0 \cdot \Delta V$$

Substituindo convenientemente as duas últimas expressões, vem que:

$$Q = e \cdot \mu_0 \cdot \vartheta/p$$

Assim, posso escrever a seguinte relação fundamental:

$$Q/\vartheta = e \cdot \mu_0/p$$

12. Diagrama

A figura que se segue mostra a representação gráfica de uma transformação isobárica entre dois estados, em um diagrama:

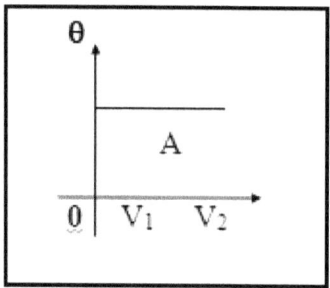

Onde a grandeza (θ), representa o produto existente entre o módulo de Leandro (**e**) e a densidade inicial do gás (μ_0), denominada por característica dos gases.

Simbolicamente, o referido enunciado é expresso por:

$$\theta = e \cdot \mu_0$$

Como a equação geral é expressa por:

$$Q = e \cdot \mu_0 \cdot \Delta V$$

Substituindo convenientemente as duas últimas expressões, vem que:

$$Q = \theta \cdot \Delta V$$

O cálculo da área (**A**) do retângulo no diagrama mostra que:

$$A = \theta . (V_2 - V_1) = \theta . \Delta V = Q$$

Nota-se assim que a quantidade de calor no trabalho de expansão de um gás é graficamente representada num diagrama pela área compreendida entre a curva representativa da evolução, o eixo dos volumes e as ordenadas correspondentes aos pontos figurativos dos estados inicial e final.

A quantidade de calor elementar (dQ) é expressa pela seguinte equação:

$$dQ = \theta . dV$$

Onde (dV) representa uma variação de volume infinitesimal.

Para obter a quantidade de calor entre dois estados é necessário efetuar a soma de uma série de termos do tipo ($\theta . dV$). Tem-se desse modo o conceito de integral:

$$Q = {}^{V_2}\!\!\int_{V_1} \theta . dV$$

Como:

$$\theta = e . \mu_0$$

Posso escrever que:

$$Q = {}^{V_2}\!\!\int_{V_1} e . \mu_0 . dV$$

Como:

$$\mu_0 = m/V_0$$

Posso escrever que:

$$Q = {}^{V2}\!\int_{V1} e . m . dV/V_0$$

$$Q = e . m . {}^{V2}\!\int_{V1} dV/V_0$$

$$Q = e . m . \log e \; V_2/V_1$$

13. Princípio de Mayer e Consequência

O princípio de Mayer afirma que: "Quando um sistema realiza uma evolução em ciclo, trocando com o ambiente apenas calor e trabalho, existe equivalência entre o trabalho e o calor trocado".

Tal princípio também é enunciado da seguinte forma: "Quando um sistema realiza uma evolução em ciclo, trocando com o ambiente apenas o calor e trabalho, existe uma relação constante entre o trabalho e o calor trocado".

O referido princípio permite escrever que:

$$Q = \vartheta$$

Demonstrei que:

$$Q = e . \mu_0 . \Delta V$$

Sabe-se que:

$$\vartheta = p . \Delta V$$

Substituindo convenientemente as três últimas expressões, vem que:

$$e . \mu_0 . \Delta V = p . \Delta V$$

Eliminando os termos em evidência, resulta que:

$$p = e \cdot \mu_0$$

Na Termodinâmica Clássica usualmente prefere-se exprimir (Q) em calorias e (ϑ) em joules. Desse modo é necessário multiplicar o valor de (Q) por um coeficiente (J) capaz de transformar caloria em Joule. Assim, tem-se que:

$$\vartheta/Q = J$$

Também, posso concluir que:

$$J = p \cdot \Delta V/e \cdot \mu_0 \cdot \Delta V$$

Eliminando os termos em evidência, vem que:

$$J = p/e \cdot \mu_0$$

14. Relação Termodinâmica

A primeira Lei da Termodinâmica permite escrever que:

$$\Delta U = Q - \vartheta$$

Ou seja, a variação da energia interna de um sistema é dada pela diferença existente entre o calor trocado com o meio exterior e o trabalho realizado no processo termodinâmico.

Num processo isobárico, posso escrever as seguintes verdades:

$$Q = e \cdot \mu_0 \cdot \Delta V$$
$$\vartheta = p \cdot \Delta V$$

Substituindo convenientemente as três últimas expressões, vem que:

$$\Delta U = (e \cdot \mu_0 \cdot \Delta V) - (p \cdot \Delta V)$$

Assim, resulta que:

$$\Delta U = \Delta V \cdot [(e \cdot \mu_0) - p)]$$

Evidentemente, posso escrever que:

$$\Delta U / \Delta V = (e \cdot \mu_0) - p$$

Tal expressão é denominada por Relação Termodinâmica.

15. Caotismo

Caotismo é um conceito que está sendo apresentado em Termodinâmica com objetivo de medir o estado caótico de um sistema.

Quanto maior for o movimento caótico das moléculas de um gás tanto maior será o caotismo do sistema considerado.

Defino caotismo (Ω) como sendo igual ao quociente da energia cinética (**W**) de um gás, inversa pela quantidade de calor (**Q**) recebida pra entrar em agitação térmica.

Simbolicamente, o referido enunciado é expresso por:

$$\Omega = W/Q$$

Tal equação exprime a relação entre duas grandezas de mesma natureza, portanto não tem unidade e procuro representá-la em termos de porcentagem.

Assim, posso escrever que:

$$\Omega = (W/Q)\ 100\%$$

A teoria cinética dos gases ideais mostra que:

$$W = e\ .\ p\ .\ V/2$$

Demonstrei que:

$$Q = e\ .\ \mu_0\ .\ V$$

Substituindo convenientemente as três últimas expressões, posso afirmar que para uma transformação isobárica vale a seguinte dedução:

$$\Omega = (3p\ .\ V/2)/(e\ .\ \mu_0\ .\ V/1)$$

Assim, vem que:

$$\Omega = 3p\ .\ V/2e\ .\ \mu_0\ .\ V$$

Eliminando os termos em evidência, resulta que:

$$\Omega = (3\ .\ 100\%/2e\ .\ \mu_0)\ .\ p$$

Isto significa que para cada amostra gasosa o caotismo depende apenas da pressão fixada.
Também se sabe que:

$$W = 3\ .\ n\ .\ R\ .\ T/2$$

Logo, resulta que:

$$\Omega = (3\ .\ n\ .\ R\ .\ T/2)/(e\ .\ \mu_0\ .\ \Delta V/1)$$

Portanto, conclui-se que:

$$\Omega = (3/2) \cdot R \cdot 100\% \cdot (n/e \cdot \mu_0) \cdot (T/\Delta V)$$

Desse modo, para uma determinada amostra gasosa, o caotismo será tanto maior quanto maior for a temperatura e será tanto menor quanto maior for o volume. Isto torna evidente o conceito de caotismo; pois o aumento da temperatura torna a agitação molecular maior, e num pequeno volume o número de colisão se torna bem maior, o que implicam em um caotismo maior.

A teoria cinética dos gases também mostra que:

$$W = m \cdot U^2/2$$

Onde (**m**) representa a massa do gás e (**U**) a velocidade média das moléculas.

Com tal conceito, posso escrever que:

$$\Omega = (m \cdot U^2/2)/(e \cdot \mu_0 \cdot \Delta V/1)$$

Assim, vem que:

$$\Omega = m \cdot U^2/2\mu_0 \cdot e \cdot \Delta V$$

A densidade que o gás assume a cada variação de volume é expressa pela seguinte relação:

$$\Delta\mu = m/\Delta V$$

Assim, posso escrever que:

$$\Omega = (\Delta\mu \cdot U^2/2\mu_0 \cdot e) \cdot 100\%$$

16. Noções de Internismo e Externismo

A energia total de um sistema é composta de duas parcelas: a energia externa e a energia interna.

A energia externa do sistema é devida às relações que, a mesma guarda com seu meio exterior: energia cinética e energia potencial.

A energia interna do sistema relaciona-se com suas condições intrínsecas.

Pela primeira lei da Termodinâmica posso escrever que:

$$Q = \vartheta + \Delta U$$

Para avaliar que proporção do calor, que um gás recebe do meio exterior, sofre os fenômenos de energia interna e externa, procurei definir as seguintes grandezas adimensionais:

a) Internismo

Sendo que tal conceito é caracterizado pela seguinte relação:

$$x = \Delta U/Q$$

b) Externismo

Sendo que tal conceito é representado pela seguinte relação:

$$q = \vartheta/Q$$

Somando as duas grandezas, obtém-se que:

$$x + q = (\Delta U/Q) + (\vartheta/Q) = (\Delta U + \vartheta)/Q = (Q/Q)$$

Portanto, conclui-se que:

$$x + q = 1$$

Assim, por exemplo, um sistema apresentar externismo (**q = 0,8**) significa que 80% do calor recebido foram utilizados no processo de trabalho. Os restantes 20% correspondentes ao internismo que foram empregados no processo de energia interna do gás e devem ser divididas entre a energia térmica, energia potencial de configuração e as energias cinéticas atômico-moleculares.

Quando um sistema realiza uma evolução em ciclo, conforme reza o princípio de Mayer, ele apresenta a seguinte equação:

$$Q = \vartheta$$

Ele emprega toda quantidade de calor em trabalho externo. Decorre daí que seu externismo é **q = 1 (100%)** e seu internismo é nulo (**i = 0**).

Quando se tem um processo isocórico, o volume permanece constante e nesse caso o trabalho externo é nulo, portanto, isto implica na seguinte equação:

$$Q = \Delta U$$

Isto permite concluir que o calor é empregado apenas na energia interna do sistema, o que leva a um externismo nulo (**q = 0**) e internismo **x = 1 (100%)**.

17. Razão entre Módulo e Constante Isocórica

Tenho representado a razão entre (**e**) e (**γ**) comumente pela letra (**z**). Ou seja:

$$z = e/\gamma$$

Consequentemente:

$$z = B/S$$

Sabe-se que:

$$e = c_p/\beta$$

E:

$$\gamma = c_v/\alpha$$

Onde (β) representa o coeficiente de dilatação volumétrica dos gases; onde (α) representa o coeficiente de variação de pressão do gás a volume constante; e, onde (c) representa o calor específico do gás a pressão constante e a volume constante.

Também, posso escrever que:

$$z = (c_p/\beta)/(c_v/\alpha)$$

Assim, vem que:

$$z = c_p \cdot \alpha/c_v \cdot \beta$$

18. Diferença Entre Calores Molares

Afirmei que:

$$c_p = e \cdot \beta$$
$$c_v = \gamma \cdot \alpha$$

A teoria cinética dos gases mostra que:

$$c_p - c_v = R/M$$

Substituindo convenientemente as três últimas expressões, vem que:

$$e . \beta - \gamma . \alpha = R/M$$

19. Energia Interna Numa Evolução Isocórica

A primeira lei da Termodinâmica permite escrever que:

$$\Delta U = Q - \vartheta$$

Porém, na transformação Isocórica:

$$\vartheta = 0$$

Assim, resulta que:

$$\Delta U = Q$$

Demonstrei que numa transformação Isocórica existe a seguinte realidade:

$$Q = \gamma . b_0 . \Delta p$$

Desse modo substituindo convenientemente as duas últimas expressões, vem que:

$$\Delta U = \gamma . b_0 . \Delta p$$

20. Relação Termodinâmica

Considere uma determinada massa gasosa num estado (**x**) representado por x ($p_1 . V_1 . T_1$).

Leandro Bertoldo
Princípios da Teoria Térmica

Ao aquecê-lo a pressão constante, até que a temperatura do gás se torne igual a (T_2). O volume do gás sofre uma variação (ΔV), sendo o novo estado (y) caracterizado por y (p_2. V_2. T_2).
A quantidade de calor cedida ao gás pode ser expressa pela equação Isobárica.

$$Q_p = e . \mu_0 . (V_2 - V_1)$$

Como ocorreu uma expansão isobárica o gás realizou um trabalho expresso por:

$$\vartheta = p_1 . (V_2 - V_1)$$

A variação da energia interna do gás é representada por:

$$U_B - U_A = Q_p - \vartheta$$

Substituindo convenientemente as três últimas expressões, vem que:

$$U_B - U_A = [e . \mu_0 . (V_2 - V_1)] - [p_1 . (V_2 - V_1)]$$

Assim, resulta que:

$$U_B - U_A = (V_2 - V_1) - (e . \mu_0 - p_1)$$

A partir do mesmo estado inicial (x) considerarei agora, o aquecimento do gás, a volume constante até a mesma temperatura final (T_2). Naturalmente no processo Isocórico a pressão do gás aumenta de (p_1) para (p_2), sendo o novo estado (c) representado por s (p_2,V_1,T_2).
A quantidade de calor cedida ao gás pode ser calculada pela equação Isocórica:

$$Q_v = \gamma \cdot b_0 \cdot (p_2 - p_1)$$

Como a evolução é isocórica, o trabalho externo é nulo. A variação da energia interna do gás é expressa por:

$$U_c - U_A = Q_v - 0$$

Ou seja:

$$U_c - U_A = \gamma \cdot b_0 \cdot (p_2 - p_1)$$

Como nos estados (y) e (s) a temperatura é a mesma, tem-se que ($U_C = U_B$), pois a energia interna de um gás ideal só depende da temperatura. Assim, igualando convenientemente os resultados estabelecidos até o presente momento, posso escrever que:

$$(V_2 - V_1) \cdot (e \cdot \mu_0 - p_1) = \gamma \cdot b_0 \cdot (p_2 - p_1)$$

Assim, posso escreve que:

$$(p_2 - p_1)/(V_2 - V_1) = e \cdot (\mu_0 - p_1)/(\gamma \cdot b_0)$$

21. Equações Isocóricas

Demonstrei que:

$$Q_v = \gamma \cdot b_0 \cdot \Delta p$$

Pela equação de Clapeyron, posso escrever que:

$$\Delta p = n \cdot R \cdot \Delta T/V$$

Substituindo convenientemente as duas últimas expressões, vem que:

$$Q_v = \gamma . b_0 . n . R . \Delta T/V$$

Onde o volume (**V**) permanece constante:

$$V = cte$$

Considerando um caso particular onde o volume (**V**) é medido nas condições normais de pressão e temperatura, então posso escrever que:

$$V = n . v$$

Onde **v = 22,414 litros**.

Assim, posso escrever que:

$$Q_v = \gamma . b_0 . n . R . \Delta T/n . v$$

Eliminando os termos em evidência, resulta que:

$$Q_v = (R/v) . \gamma . b_0 . \Delta T$$

A teoria cinética dos gases ideais mostra que:

$$p = (1/3) . (m/V) . U^2$$

Onde numa transformação Isocórica o volume se mantém constante (**V = cte**), isto leva ao conceito de uma densidade (μ) constante. Portanto, com relação à última expressão, posso escrever que:

$$p = (1/3) . \mu . U^2$$

Na referida expressão (**U**) representa a velocidade das moléculas; entretanto se tal velocidade variar do estado (**U₁**) para o estado (**U₂**) tem-se uma variação de pressão (**Δp**). Desse modo posso escrever que:

$$\Delta p = \mu . \Delta U^2/3$$

Onde μ = **cte**.
Demonstrei que:

$$Q_v = \gamma . b_0 . \Delta p$$

Substituindo convenientemente as duas últimas expressões, vem que:

$$Q_v = (1/3) . \gamma . b_0 . \mu . \Delta U^2$$

A teoria cinética dos gases ideais mostra que a energia cinética de um gás é expressa por:

$$W = (3/2) . p . V$$

Numa transformação Isocórica o volume (**V**) se mantém constante (**V = cte**). Assim, pode-se concluir que toda vez que o sistema sofrer uma variação de pressão a energia cinética do gás também sofre uma variação. Assim, posso escrever que:

$$\Delta W = (3/2) . V . \Delta p$$

Evidentemente, posso escrever que:

$$\Delta p = (2/3) . (\Delta W/V)$$

Demonstrei que:

$$Q_v = \gamma \cdot b_0 \cdot \Delta p$$

Substituindo convenientemente as duas últimas expressões, vem que:

$$Q_v = (2/3) \cdot (\gamma \cdot b_0 \cdot \Delta W/V)$$

A teoria cinética dos gases ideais, também mostra que:

$$\Delta p = m \cdot R \cdot \Delta T/V \cdot M$$

Numa transformação Isocórica (**V = cte**), portanto a densidade (μ = **cte**). Assim, com relação à última expressão, posso escrever que:

$$\Delta p = \mu \cdot R \cdot \Delta T/M$$

Logicamente, posso escrever que:

$$Q_v = \gamma \cdot b_0 \cdot \mu \cdot R \cdot \Delta T/M$$

Sabe-se que:

$$b_0 = m/p_0$$

Substituindo convenientemente as duas últimas expressões, vem que:

$$Q_v = \gamma \cdot m \cdot \mu \cdot R \cdot \Delta T/M \cdot p_0$$

Sabe-se que:

$$n = m/M$$

Portanto, posso escrever que:

$$Q_v = R \cdot \gamma \cdot \mu \cdot n \cdot \Delta T / p_0$$

Onde (μ = **cte**). (Transformação Isocórica).

22. Diferença Entre Energia Interna e Cinética

Numa transformação Isocórica, a energia interna é expressa por:

$$\Delta U = \gamma \cdot b_0 \cdot \Delta p$$

A teoria cinética dos gases permite escrever que:

$$\Delta W = (3/2) \cdot V \cdot \Delta p$$

Com (**V** = **cte**).
Desse modo, posso escrever que:

$$\Delta U - \Delta W = \gamma \cdot b_0 \cdot \Delta p - (3/2) \cdot V \cdot \Delta p$$

Assim, vem que:

$$\Delta U - \Delta W = \Delta p \cdot (\gamma \cdot b_0 - 3V/2)$$

Numa transformação Isobárica, demonstrei que:

$$\Delta U = \Delta V \cdot (e \cdot \mu_0 - p)$$

Naturalmente posso escrever que:

$$\Delta W = (3/2) \cdot p \cdot \Delta V$$

Logo, vem que:

$$\Delta U - \Delta W = \Delta V \cdot (e \cdot \mu_0 - p) - (3/2) \cdot p \cdot \Delta V$$

Portanto, conclui-se que:

$$\Delta U - \Delta W = \Delta V \cdot [(e \cdot \mu_0 - p) - (3p/2)]$$

23. Calor Molar de Dilatação Volumétrica

A quantidade de calor necessária para dilatar um volume molar de um gás contra a pressão externa constante é definida por calor molar de dilatação volumétrica.
Sabe-se que:

$$Q = e \cdot \mu_0 \cdot \Delta V$$

Como no caso considerado ($\Delta V = Vm^o$). Onde (Vm^o) representa o volume molar, que nas condições normais de temperatura e pressão apresenta o seguinte valor:

$$Vm^o = 22.414 \text{ litros}$$

Assim, posso escrever que:

$$Q = e \cdot \mu_0 \cdot 22,414$$

21. Dilatérmica Geral

1. Capacidade Dilativa Específica de um Sólido Cristalino

A capacidade dilativa específica de um sólido cristalino apresenta um valor semelhante para todos os materiais. Isto é, a quantidade de energia térmica necessária por molécula para aumentar o volume de um sólido a um determinado valor aparentemente é a mesma, independentemente da característica química do material que compõe o sólido.

Existem (N_0) (número de Avogadro) átomos em um mol. Como cada átomo executa oscilações harmônicas simples, em três dimensões de modo que cada mol do sólido apresenta ($3N_0$) grau de liberdade. A cada ($3N_0$), está associada uma energia total ($K . T$), segundo a lei clássica da equipartição da energia, de modo que:

$$Q = 3N_0 . K . T = 3R . T$$

Onde (R) é a constante universal dos gases.

Desse modo, estabeleço a capacidade dilativa específica de um sólido cristalino, por:

$$y = dQ/dV$$

Naturalmente, posso escrever que:

$$y = 3R . dT/dV$$

Essa é a denominada lei da capacidade dilativa específica.

Em outro tratado, demonstrei que a cada grau de liberdade existe associado uma energia total (α . V), dentro dos conceitos clássicos. Desse modo, escrevo que:

$$Q = 3N_0 . \alpha . V$$

Como:

$$y = dQ/dV$$

Posso escrever que:

$$y = 3N_0 . \alpha . dV/dV$$

Logo, resulta que:

$$y = 3N_0 . \alpha$$

Onde (α) é uma constante de proporcionalidade, de característica universal.

A conhecidíssima lei de Dulong e Petit permite escrever que:

$$dQ = c . dT$$

Logo, posso escrever que:

$$y = c . dT/dV$$

Onde (**c**), representa o calor específico. Entretanto, observei que o fator (**K** . **T**), da lei de equipartição clássica, deve ser substituída por um fator que leve em consideração a quantização da energia de um oscilador harmônico simples, considerando-o como uma coleção de ($3N_0$). Então, substituindo a distribuição de Boltzmann com a quantização de energia de Planck, vem que:

$$y = 3N_0/dV . h . f/e^{hf/kT} - 1$$

2. Demonstração Elementar

Em capítulos anteriores, demonstrei que:

$$Q = e . \mu_0 . \Delta V$$

Sendo (**N**) o número de moléculas e (**Q**) a energia calorífica, então, resulta que a energia calorífica média por molécula (**q**) é expressa por:

$$q = Q/N$$

Substituindo convenientemente as duas últimas expressões, vem que:

$$q = e . \mu_0 . \Delta V/N$$

Sabe-se que:

$$\mu_0 = m/V_0$$

Logo, posso escrever que:

$$q = e . m . \Delta V/V_0 . N$$

Sabe-se que a massa é igual ao número de moles em produto com o mol. Simbolicamente, escreve-se que:

$$m = n . M$$

Substituindo as duas últimas expressões, vem que:

$$q = e \cdot n \cdot M \cdot \Delta V/V_0 \cdot N$$

Como:

$$n = N/N_0$$

Resulta que:

$$1/N_0 = n/N$$

Substituindo as duas últimas expressões, vem que:

$$q = e \cdot M \cdot \Delta V/V_0 \cdot N_0$$

A energia em um mol pode ser expressa por:

$$N_0 \cdot q = e \cdot M \cdot \Delta V/V_0$$

Ou seja:

$$Q = e \cdot M \cdot \Delta V/V_0$$

Ou:

$$Q = e \cdot M \cdot (V/V_0 - 1)$$

Logo, posso escrever que:

$$Q/\Delta V = e \cdot M/V_0$$

Com relação à penúltima expressão, posso escrever que:

$$Q = e \cdot M \cdot \log e \ (V/V_0)$$

Como:

$$\beta = e \cdot M$$

Vem que:

$$Q = \beta \cdot \log e \ (V/V_0)$$

3. Equação

A equação de Clapeyron permite escrever que:

$$V = n \cdot R \cdot T/p$$

A quantidade de calor é expressa por:

$$Q = c \cdot m \cdot T$$

Dividindo membro a membro, posso concluir que:

$$Q/V = (c \cdot m \cdot T)/(n \cdot R \cdot T/p)$$

Logo posso escrever que:

$$Q/V = c \cdot m \cdot T \cdot p/n \cdot R \cdot T$$

Eliminando os termos em evidência, posso escrever que:

$$Q = c \cdot m \cdot p \cdot V/n \cdot R$$

Sabe-se que:

$$n = m/M$$

Ou seja:

$$M = m/n$$

Logo, posso concluir que:

$$Q = c . M . p . V/R$$

Onde ($c . M = k$), e (k) representa o calor molar da transformação gasosa.
Assim, posso escrever que:

$$Q = k . p . V/R$$

Sabe-se que:

$$p . V = m . v^2/3$$

Onde (v) representa a velocidade molecular; então, substituindo convenientemente as duas últimas expressões, vem que:

$$Q = (k/R) . (m . v^2/3)$$

Também se sabe que a energia cinética de um gás é expressa por:

$$E = (3/2) . p . V$$

Logo, posso concluir que:

$$Q = 2/3 (K . E/R)$$

A Lei de Joule dos gases ideais permite escrever que:

$$\Delta E = (3/2) \cdot N \cdot \gamma \cdot (T_2 - T_1)$$

Assim, posso escrever que:

$$\Delta Q = (2k/3R) \cdot (3/2) \cdot [(N \cdot \gamma \cdot (T_2 - T_1)]$$

Eliminando os termos em evidência, vem que:

$$\Delta Q = k \cdot N \cdot \gamma \cdot (T_2 - T_1)/R$$

Onde (γ) representa a constante de Boltzmann:

$$\gamma = R/N_0$$

Portanto, vem que:

$$\Delta Q = N \cdot K \cdot R \cdot (T_2 - T_1)/R \cdot N_0$$

Eliminando os termos em evidência, resulta que:

$$\Delta Q = N \cdot K \cdot (T_2 - T_1)/N_0$$

Sabe-se que:

$$n = N/N_0$$

Substituindo as duas últimas expressões, vem que:

$$\Delta Q = n \cdot K \cdot \Delta T$$

4. Calor Médio por Molécula

Demonstrei que:

$$Q = (K/R) \cdot p \cdot V$$

Se (v_0) é o volume molar, as (**n**) moléculas-grama ocuparão o volume (**n** . v_0), nas mesmas condições de temperatura e pressão. Em particular, para as condições normais, tem-se que:

$$V = n \cdot v_0$$

Substituindo as duas últimas expressões, vem que:

$$Q = K \cdot p \cdot n \cdot v_0/R$$

Afirmei em parágrafos anteriores que:

$$q = Q/N$$

Substituindo as duas últimas expressões, vem que:

$$q = K \cdot p \cdot n \cdot v_0/R \cdot N$$

Sabe-se que:

$$1/N_0 = n/N$$

Substituindo convenientemente as duas últimas expressões, vem que:

$$q = K \cdot p \cdot v_0/R \cdot N_0$$

Os valores (v_0), $(\mathbf{R})$ e $(\mathbf{N_0})$ são constante fundamentais, logo ao generalizá-las obtém-se que:

$$\Psi = v_0/\mathbf{R} \cdot \mathbf{N_0}$$

Portanto, conclui-se que:

$$q = \Psi \cdot \mathbf{K} \cdot p$$

Em um estado onde ocorra uma variação de pressão ($\Delta p = p_2 - p_1$) posso estabelecer que: a quantidade de calor molecular inicial é expressa por:

$$Q_1 = \mathbf{N} \cdot \Psi \cdot \mathbf{K} \cdot p_1$$

A quantidade de calor molecular final é expressa por:

$$Q_2 = \mathbf{N} \cdot \Psi \cdot \mathbf{K} \cdot p_2$$

Então, a variação da quantidade de calor será expressa por:

$$\Delta Q = Q_2 - Q_1 = \mathbf{N} \cdot \Psi \cdot \mathbf{K} \cdot (p_2 - p_1)$$

5. Primeira Lei

Numa transformação isobárica a relação entre a quantidade de calor e o volume é igual a uma constante que corresponde à pressão constante.

Simbolicamente, posso escrever que:

$$p = Q/V$$

Se uma determinada massa gasosa evolui isobaricamente do estado "um" para o estado "dois"; para cada estado, tem-se que:

$$Q_1/V_1 = Q_2/V_2$$

6. Segunda Lei

Numa transformação isocórica, a relação entre a quantidade de calor pela pressão é igual a uma constante que corresponde ao volume constante. Simbolicamente, posso escrever que:

$$V = Q/p$$

Considerando uma evolução do estado "um" para o estado "dois", posso concluir que:

$$Q_1/p_1 = Q_2/p_2$$

7. Generalização

Considerando as três grandezas (**Q**), (**p**) e (**V**), evoluindo-se de um estado "um" para um estado "dois", posso escrever que:

$$Q_1/(p_1 \cdot V_1) = Q_2/(p_2 \cdot V_2)$$

1. Apêndice
Índices Termodinâmicos

1. Introdução

A primeira lei da Termodinâmica permite escrever que:

$$\Delta U = Q - \vartheta$$

Onde a letra (ΔU) representa a variação de energia interna do sistema; (Q), representa a quantidade de calor trocada pelo sistema e (ϑ), o trabalho realizado.

Defino o índice termodinâmico (n) como sendo a relação existente entre a variação de energia interna do sistema (ΔU) pela quantidade de calor trocada pelo sistema.

Simbolicamente, o referido enunciado é expresso por:

$$n = \Delta U/Q$$

Defino o coeficiente Termodinâmico (ε) como sendo igual ao quociente da variação da energia interna do sistema, inversa pelo trabalho realizado.

Simbolicamente, o referido enunciado pode ser expresso pela seguinte relação:

$$\varepsilon = \Delta U/\vartheta$$

As duas últimas relações me permite escrever que:

$$n = \varepsilon/1 + \varepsilon$$

Obtida dividindo-se os termos da fração por (ϑ), observando-se que:

$$Q = \Delta U + \vartheta$$

2. Relações Matemáticas

Já, a primeira lei da Termodinâmica combinada com o conceito de índice termodinâmico, permite escrever que:

$$n \cdot Q = Q - \vartheta$$

Ou seja:

$$\vartheta = Q - n \cdot Q$$

Assim, vem que:

$$\vartheta = Q \cdot (1 - n)$$

Ou seja:

a)
$$1 - n = \vartheta/Q$$

Agora, a primeira lei da Termodinâmica combinada com o conceito de coeficiente termodinâmico permite escrever que:

$$\varepsilon \cdot \vartheta = Q - \vartheta$$

Ou seja:

$$Q = \vartheta + \varepsilon \cdot \vartheta$$

Assim, vem que:

$$Q = \vartheta \cdot (1 + \varepsilon)$$

Logo, posso escrever que:

b) $$Q/\vartheta = 1 + \varepsilon$$

Multiplicando-se mutuamente as expressões (a) e (b), vem que:

$$(1 + \varepsilon) \cdot (1 - n) = \vartheta Q \cdot Q/\vartheta$$

Ao eliminar os termos em evidência, resulta que:

$$1 = (1 + \varepsilon) \cdot (1 - n)$$

Ou melhor:

$$1 - n = 1/1 + \varepsilon$$

3. Transformação Isobárica

Numa transformação isobárica o trabalho realizado é expresso:

$$\vartheta = p \cdot \Delta V$$

Onde (p), representa a pressão e (ΔV), a variação de volume.
Porém, afirmei que:

$$\vartheta = \Delta U/\varepsilon$$

Igualando convenientemente as duas últimas expressões, posso escrever que:

$$\Delta U/\varepsilon = p \cdot \Delta V$$

Ou melhor:

a) $$\Delta U = \varepsilon \cdot p \cdot \Delta V$$

Numa transformação isobárica, o calor trocado pelo gás, ao sofrer uma variação de temperatura (ΔT), é expresso por:

$$Q = m \cdot c \cdot \Delta T$$

Onde a letra (**m**), representa a massa do gás e (**c**) o seu calor específico à pressão constante.
Demonstrei que:

$$Q = \Delta U/n$$

Igualando convenientemente as duas últimas expressões, posso escrever que:

$$\Delta U/n = m \cdot c \cdot \Delta T$$

Ou seja:

b) $$\Delta U = n \cdot m \cdot c \cdot \Delta T$$

Igualando as expressões (**a**) e (**b**), posso escrever que:

$$n \cdot m \cdot c \cdot \Delta T = \varepsilon \cdot p \cdot \Delta V$$

Isto permite escrever que:

$$p . \Delta V/m . \Delta T = n . c/\epsilon$$

A equação de Clapeyron é expressa por:

$$p . V/m . T = R/M$$

Igualando as duas últimas expressões, vem que:

$$R/M = n . c/\epsilon$$

Onde a letra (**R**), representa a constante universal dos gases perfeitos e a letra (**M**), representa a molécula-grama.

4. Transformação Isocórica

Na transformação Isocórica o trabalho realizado é nulo.

$$\vartheta = 0$$

Portanto, pode-se escrever que:

$$\Delta U = Q$$

Isto me permite afirmar que numa transformação isocórica o índice termodinâmico é igual a um.

$$n = 1$$

5. Relação

Partindo de uma mesma temperatura inicial (T_0), um gás é aquecido até uma temperatura final (T) por dois processos; a saber:

a) Isobárico;
b) Isocórico.

que: Pela primeira Lei da Termodinâmica pode-se escrever

$$Q_p = \Delta U + \vartheta$$
$$Q_v = \Delta U$$

Como existe trabalho no processo isobárico, deve-se concluir que o calor trocado em pressão constante (Q_p) é maior do que o calor trocado a volume constante (Q_v). Daí, subtraindo membro a membro as duas últimas expressões, vem que:

$$\vartheta = Q_p - Q_v$$

Onde:

$$Q_v = \Delta U$$

$$Q_p = \Delta U/n \text{ e}$$

$$\vartheta = \Delta U/\varepsilon$$

Substituindo convenientemente as quatro últimas expressões, vem que:

$$\Delta U/\varepsilon = \Delta U/n - \Delta U$$

Ou seja:

$$\Delta U/\varepsilon = \Delta U \cdot (1/n - 1)$$

Ao eliminar os termos em evidência, vem que:

$$1/\varepsilon = (1/n - 1)$$

2. Apêndice
Depreciação Energética

1. Introdução

Conforme estabelece a segunda lei da Termodinâmica, nas transformações naturais, a energia se degrada de uma forma organizada para uma forma desordenada denominada energia térmica. Por este motivo, a energia térmica, também é denominada por energia degradada.

Sabe-se que todas as formas de energia se convertem de modo espontâneo e total em energia degradada. E embora o princípio da conservação da energia continue válido, à medida que o Universo evolui, ocorre uma diminuição na possibilidade de se conseguir energia útil ou trabalho do sistema. Portanto pode-se apresentar a segunda lei da Termodinâmica como princípio da degradação da energia, nos seguintes termos: Em todos os fenômenos naturais, a tendência é a evolução do Universo para a diminuição da energia utilizável.

2. Depreciação do Universo

Muitas vezes costumo dizer que o Universo sofre uma depreciação à medida que sua energia utilizável sofre diminuição. Portanto, ao conceito de degradação da energia, o autor associou o conceito matemático de depreciação. Ficando caracterizado que a depreciação evidência uma propriedade intrínseca dos sistemas. Assim, o valor da depreciação aumenta quando aumenta a degradação da energia.

Portanto, pode-se enunciar a segunda lei da Termodinâmica nos seguintes termos: À medida que o Universo evolui, sua depreciação aumenta. Isto porque ocorre a diminuição da energia utilizável. Logo, em todos os fenômenos naturais, a tendência é uma evolução para a depreciação do Universo.

3. Cálculo da Depreciação

A primeira lei da Termodinâmica afirma que: A variação da energia interna de um sistema é expressa pela diferença existente entre o calor trocado com o meio exterior e o trabalho realizado no processo Termodinâmico.

O referido enunciado encontra sua expressão simbólica na seguinte equação:

$$\Delta I = Q - \vartheta$$

Sendo que a letra (Q) representa simbolicamente a quantidade de calor trocada pelo sistema, a letra (ϑ) representa o trabalho realizado e (ΔI) a variação de energia interna do sistema considerado.

Para o cálculo da depreciação, deve-se levar em conta os dois tipos de trocas energéticas com o meio exterior, a saber:

a) Calor trocado (**Q**)
b) Trabalho realizado (ϑ)

Uma vez feita essas considerações, a depreciação do Universo no processo termodinâmico sofrido por um gás pode ser determinada mediante a fórmula que será apresentada a seguir:

$$D = \vartheta/Q$$

A variação de energia interna (ΔI) sofrida pelo sistema está relacionada com a depreciação do sistema. Quanto maior o trabalho realizado sobre o meio exterior por uma dada quantidade de calor, maior será a depreciação do sistema, e menor sua energia interna.

Portanto, depreciação é a perda de valor ou utilidade de um sistema em sua evolução natural. De fato, o sistema evolui no sentido de diminuir a possibilidade de se conseguir obter energia útil ou trabalho do mesmo.

Em termos de percentuais, pode-se escrever que:

$$D\% = \Delta/Q \ 100$$

A depreciação é fator importante na avaliação do sistema. Por exemplo: Numa transformação isobárica, o sistema recebeu do meio exterior uma quantidade de calor ($Q = 80 \ J$) e realizou um trabalho sobre o meio exterior ($\Delta = 20 \ J$). Com a aplicação da última formula, encontra-se o seguinte valor para a depreciação do sistema nesta fase:

$$D = 20/80 = 25\%$$

4. Relação Entre Depreciação e a Primeira Lei da Termodinâmica

A primeira lei da Termodinâmica estabelece que:

$$\Delta I = Q - \vartheta$$

A lei da depreciação é expressa por:

$$D = \vartheta/Q$$

Então, substituindo convenientemente as duas últimas equações, obtém-se que:

$$\Delta I = Q - D \cdot Q$$

Portanto, resulta que:

$$\Delta I = Q \cdot (1 - D)$$

A referida expressão traduz analiticamente a primeira lei da Termodinâmica em relação a depreciação do sistema.

Evidentemente a depreciação cientifica, porque estaria contrariando a segunda lei da Termodinâmica, pois seria necessária a conversão integral de calor em trabalho e isto é impossível.

3. Apêndice
Termodinâmica e Frequência

1. Introdução

A transformação cíclica de uma dada massa gasosa é um conjunto de transformações após as quais o gás volta a apresentar a mesma pressão, o mesmo volume e a mesma temperatura que apresentava inicialmente. Em ciclo, o estado final é igual ao estado inicial.

Máquinas térmicas que apresentam uma transformação contínua e uniforme passam a caracterizar um fenômeno periódico, pois o ciclo se repete, identicamente, em intervalos de tempos iguais.

2. Potência Cíclica de Trabalho

Defino a potência cíclica de trabalho, como sendo igual ao trabalho realizado num ciclo, inverso pelo período de tal ciclo.

Simbolicamente, pode-se escrever a seguinte relação:

$$p = \vartheta/T$$

Sabe-se que o período é o inverso da frequência, simbolicamente, escreve-se que:

$$T = 1/f$$

Substituindo convenientemente as duas últimas expressões, vem que:

$$p = \vartheta \cdot f$$

3. Trabalho Total

Em um ciclo, o trabalho realizado é igual ao trabalho concluído na etapa da expansão isobárica somado com o trabalho concluído na etapa da compressão isobárica. Simbolicamente, escreve-se que:

$$\vartheta = \vartheta_1 + \vartheta_2$$

É evidente que o trabalho total realizado por uma máquina térmica é a soma dos trabalhos parciais concluído nos ciclos; entretanto em se tratando de ciclos periódicos, o trabalho total é o produto do número de ciclos pelo trabalho de um dos ciclos.
Simbolicamente, pode-se escrever que:

$$\vartheta_T = n \cdot \vartheta$$

Substituindo convenientemente as duas últimas expressões, vem que:

$$\vartheta_T = n \cdot (\vartheta_1 + \vartheta_2)$$

Sabe-se que a frequência de um fenômeno periódico é igual à relação entre o número de ciclos pela variação de tempo decorrido do fenômeno total.
Simbolicamente, o referido enunciado é expresso por:

$$f = n/\Delta t$$

Substituindo convenientemente as duas últimas expressões, vem que:

$$\vartheta_T = f \cdot (\vartheta_1 + \vartheta_2) \cdot \Delta t$$

4. Potência Cíclica de Calor

Do mesmo modo que apresentei a definição de potência cíclica de trabalho, apresento a definição de potência cíclica de calor, como a relação existente entre a quantidade de calor recebida num ciclo, inversa pelo período. Simbolicamente, o referido enunciado é expresso pela seguinte relação:

$$q = Q/T$$

Como (**T = 1/f**), pode-se escrever que:

$$q = Q \cdot f$$

5. Calor Total

O calor trocado em todo o ciclo é também dado pela soma algébrica dos calores trocados em cada uma das etapas do ciclo:

$$Q = Q_1 + Q_2 + Q_3 + Q_4$$

Durante o processamento do fenômeno periódico a quantidade de calor total será expressa por:

$$QT = n \cdot Q$$

Como ($n = f . \Delta t$), pode-se concluir que:

$$QT = f . Q . \Delta t$$

6. Equivalência

Como num ciclo, existe equivalência entre o calor total trocado e o trabalho total realizado pode-se escrever que:

$$\vartheta = Q$$

Como:

a) $\vartheta = p . T$
b) $Q = q . T$

Vem que:

$$p . T = q . T$$

Eliminando os termos em evidência, resulta que:

$$p = q$$

Portanto, pode-se afirmar que no ciclo há equivalência entre potência cíclica de trabalho e a potência cíclica de calor.